ZEITSCHRIFT FÜR ANGEWANDTE GEOLOGIE

HERAUSGEGEBEN VON

DER STAATLICHEN GEOLOGISCHEN KOMMISSION

UND DER ZENTRALEN VORRATSKOMMISSION

DER DEUTSCHEN DEMOKRATISCHEN REPUBLIK

AUS DEM INHALT

AKADEMIE-VERLAG · BERLIN

BAND 8 / HEFT 6
JUNI 1962
SEITE 281–336

Die ZEITSCHRIFT FÜR ANGEWANDTE GEOLOGIE berichtet ständig über folgende Arbeitsgebiete: Geologische Grundlagenforschung und Lagerstättenforschung / Methodik der geologischen Erkundung / Ökonomie und Planung der geologischen Erkundung / Technik der geologischen Erkundung / Geologie und Lagerstättenkunde im Ausland. In der Zeitschrift können alle strittigen Fragen der praktischen Geologie behandelt werden. Die Autoren übernehmen für ihre Aufsätze die übliche Verantwortung.

ZEITSCHRIFT FÜR ANGEWANDTE GEOLOGIE

KOLLEKTIVE CHEFREDAKTION

Dr. K. KAUTER (Redaktionssekretär)
Dr. F. STAMMBERGER
Dr. G. TISCHENDORF
Dipl.-Berging.-Geol. G. ZINDLER

BAND 8 · JUNI 1962 · HEFT 6

Drei wichtige Aufgaben der Geowissenschaftler in der DDR[1)]

FRIEDRICH STAMMBERGER, Berlin

1. Der Beitrag der Geologen zum Aufbau des Sozialismus in der DDR

Der Sozialismus wird in der DDR siegen, weil wir eine höhere Arbeitsproduktivität erreichen werden als der Kapitalismus. Die Arbeitsproduktivität ihrerseits ist durch mannigfache Umstände bestimmt:

„. . ., unter anderen durch den Durchschnittsgrad des Geschickes der Arbeiter, die Entwicklungsstufe der Wissenschaft und ihrer technologischen Anwendbarkeit, die gesellschaftliche Kombination des Produktionsprozesses, den Umfang und die Wirkungsfähigkeit der Produktionsmittel, und durch Naturverhältnisse." (K. MARX, „Das Kapital", Bd. I, S. 44.)

In dieser von MARX gegebenen Aufzählung sind die Geologen zweimal angesprochen. Ihr Beitrag zum Aufbau des Sozialismus besteht vor allem darin, der Wirtschaft günstigere „Naturverhältnisse", d. h. bessere Lagerstätten, zur Verfügung zu stellen.

Diese Aufgabe — Lagerstättenvorräte für die Volkswirtschaft in möglichst günstigen geologischen Verhältnissen zu finden und zu erforschen — steht nicht im Widerspruch zu echter wissenschaftlicher Arbeit, sondern kann vielmehr nur gelöst werden, wenn in den nächsten zwei bis drei Jahren eine bedeutende Hebung des wissenschaftlichen Gesamtniveaus erreicht wird. Außerdem kann infolge der Größe und Kompliziertheit dieser Aufgabe kein Einzelner sie bewältigen. Nur der Zusammenschluß aller fähigen Kräfte in Arbeitskollektiven und die Koordinierung ihrer Tätigkeit, nur die sozialistische Gemeinschaftsarbeit ist auch hier der Schlüssel zum Erfolg.

Etwa Ende 1959 wurden in diesem Zusammenhang vom damaligen Zentralen Geologischen Dienst folgende drei Hauptaufgaben formuliert:

1. Es müssen metallogenetische (minerogenetische) Karten für die DDR geschaffen werden, die die wissenschaftliche Grundlage unserer Sucharbeiten sein können.
2. Es muß eine Methodik der Suche und Erkundung nicht zutage ausgehender Lagerstätten entwickelt werden, da wir es in der DDR vor allem mit solchen Lagerstätten zu tun haben.
3. Es muß eine Methodik der ökonomischen Bewertung erkundeter Lagerstätten ausgearbeitet werden, um besser und rechtzeitiger die bereitstehenden Mittel für Erkundung und Nutzung von Lagerstätten einsetzen zu können.

Diese drei Hauptaufgaben erfassen die ganze Breite der geologischen Praxis (das Aufsuchen, das Erkunden und das Bewerten der Lagerstätten) und sind unmittelbar auf die Sicherung der Erfüllung unserer Planaufgaben gerichtet. Sie müssen gelöst werden bei selbstverständlicher Erfüllung der jährlichen Volkswirtschaftspläne. Bei einer solchen Aufgabenstellung sind wir außerdem im besten Sinne des Wortes „modern", wie sich die Delegierten zum Internationalen Geologenkongreß in Kopenhagen überzeugen konnten, weil diese Aufgaben gegenwärtig in fast allen Ländern, ganz besonders jedoch von den in der Geologie führenden, angepackt werden. Noch haben wir DDR-Geologen keinen oder einen nur geringen Zeitverlust. Rechtzeitige Lösung dieser Aufgaben bedeutet somit, daß wir das so oft erwähnte Weltniveau auf wissenschaftlichem, geologischem Gebiet erreichen bzw. halten können.

2. Die Schaffung metallogenetischer Karten

Metallogenetische Karten sind entweder die unmittelbare Vorstufe für die Anfertigung von Karten der geologischen Prognose, oder sie ersetzen diese Karten der wissenschaftlichen Voraussage, wo bestimmte Rohstoffe mit Erfolgsaussichten gesucht werden können. Über metallogenetische Karten herrschen z. T. noch unklare Vorstellungen und widerspruchsvolle Meinungen. Viele Kollegen sehen in ihnen nichts anderes als die kartenmäßige Darstellung festgestellter Vererzungen und Lagerstätten.

Zwar gehört zu den vorbereitenden Karten und Arbeiten auch eine derartige sog. „Inventarisations"karte. Sie ist jedoch nur eine von vielen Einzeldarstellungen, die als Vorarbeiten der eigentlichen metallogenetischen Karte vorausgehen müssen.

Jede einzelne dieser Karten ist für sich genommen eine ernste wissenschaftliche Aufgabe und Leistung, zu der nicht nur eine Großzahl von bekannten und festgestellten Tatsachen zusammengetragen werden müssen. Denn gesammelte Tatsachen reichen als Grundlage für eine Prognose nicht aus. Es ist die geologische, geochemische, tektonische u. a. Analyse dieser Tatsachen notwendig, um die Gesetzmäßigkeiten der Entstehung der Lagerstätten zu erkennen. Eine metallogenetische Karte ist daher für uns eine kartenmäßige Darstellung dieser Gesetzmäßigkeiten, eine Darstellung der geologischen Prozesse, die zur Lagerstättenbildung führten, und ihrer Ergebnisse.

Der Arbeitsablauf — besonders die Analyse der vorliegenden Tatsachen — setzt die Mitarbeit zahlreicher Sparten voraus:

1. Es wird der historische Ablauf stattgefundener geologischer Prozesse des betrachteten Gebietes rekon-

---

[1)] Für den Druck bearbeitete Auszüge aus einem Referat des Verf. vor Absolventen der Humboldt-Universität aus Anlaß ihrer 150-Jahr-Feier (1960)

struiert. (Dazu sind neben dem Geologen solche Fachrichtungen berufen wie Paläontologen, Petrographen, Tektoniker u. a.)

2. Vererzungen oder die Bildung anderer nutzbarer Rohstoffe haben in diesem historischen Ablauf bestimmte — räumliche und zeitliche — Plätze, die zu ermitteln sind. (Hier sind paläogeographische und fazielle Untersuchungen sowie geochemische Arbeiten vordringlich.)

3. Ausgehend von dem Grundgedanken, daß die Lagerstättenbildung kein Zufall, sondern eine Gesetzmäßigkeit in der geologischen Geschichte bestimmter Krustenteile ist, muß und kann die konkrete Erscheinung dieser Gesetzmäßigkeit für unser Gebiet erkannt werden.

4. Wenn diese Arbeiten abgeschlossen sind, kann zur kartenmäßigen Darstellung der Minerogenie als konkrete Äußerung der festgestellten Gesetzmäßigkeit übergegangen werden.

Die metallogenetische Karte gibt somit eine Darstellung

a) des derzeitigen Standes des geologischen Entwicklungsprozesses,
b) der geologischen Einzelheiten dieses Stadiums,
c) der mit ihnen verbundenen Vererzungen.

Es ist dann nicht schwer, auf Grund solcher Karten und der geologischen Entwicklung einzelner Gebiete vorauszusagen, ob in diesen Gebieten überhaupt mit noch unbekannten Vererzungen und Lagerstätten gerechnet werden kann.

Eine solche metallogenetische Karte gibt somit unmittelbare Hinweise dafür, wo die geologischen Voraussetzungen vorhanden sind, welche die Konzentration eines oder mehrerer Rohstoffe ermöglichen. (Es sind in der Regel noch keine Hinweise oder Tatsachen, welche die Anwesenheit einer Konzentration von Metallen beweisen.)

3. Methodik der Suche und Erkundung verdeckter Lagerstätten

Die metallogenetische Karte oder Prognosekarte soll unsere Sucharbeiten auf eine solide wissenschaftliche Grundlage stellen. Eine neuzuschaffende Methodik des Aufsuchens verdeckter Lagerstätten hat die Aufgabe, die Effektivität dieser Arbeiten zu erhöhen.

Wir hatten in der Vergangenheit das Glück, bei unserer Lagerstättensuche Hinweise nutzen zu können wie: Ausbisse der Erzkörper, Lesesteine der nutzbaren Rohstoffe, Spuren des Bergbaus der Alten, Zonen hydrothermal veränderter Gesteine u. ä. Mit ihrer Hilfe und mit dem notwendigen Glück wurden bei uns in der Vergangenheit fast alle bekannten Lagerstätten entdeckt. Dieses „goldene Zeitalter" der geologischen Entdeckungen ist in fast allen Ländern vorüber. Es ist für immer für uns Geologen in der DDR vorbei. Neue Lagerstätten können bei uns auf diese Weise nicht mehr entdeckt werden. Wenn es auf unserem Territorium noch unbekannte Lagerstätten gibt — und keiner von uns zweifelt daran —, dann sind diese von überlagernden Deckschichten verhüllt, sind es verdeckte oder sog. verborgene Lagerstätten.

Dieser Typ der Lagerstätten gehört zu den „schwer entdeckbaren". In der Sowjetunion ist durch statistische Untersuchungen festgestellt worden, daß bis zu einer Teufe von 1000 Metern etwa 15% leicht entdeckbare, d. h. zutage ausgehende oder schwach überdeckte, Lagerstätten etwa 80—85% schwer entdeckbaren Lagerstätten, weil verdeckt und verborgen, gegenüberstehen. Wenn diese statistische Angabe auch für die DDR zuträfe, könnten noch etwa doppelt soviel Lagerstätten, wie wir heute kennen, auf unserem Gebiete entdeckt werden. Das macht die Ausarbeitung einer Methodik der Erkundung verdeckter Lagerstätten zu einer zwingenden Aufgabe. Die Aufgabe besteht darin, Methoden zu finden, die es ermöglichen, die Gesteine schnell und einfach 3—500 Meter tief zu durchleuchten und zu durchforschen. Unsere heutigen Methoden stehen in dieser Hinsicht noch weit zurück. Von Bohrungen abgesehen, dringen unsere geologischen, geophysikalischen und geochemischen Arbeiten lediglich wenige Dutzend Meter in die Tiefe.

Einer der wichtigsten Wege zu einem echten Fortschritt ist zweifellos das gründliche Studium der Dispersionshöfe von Erzkörpern.

Sowjetische Untersuchungen haben ergeben, daß sich die Dispersionshöfe nicht nur einige zwanzig oder dreißig Meter um die Erzkörper schmiegen, sondern in günstigen Fällen bis zu 200 Metern und im Streichen bis zu 1000 Metern zu verfolgen sind. Allerdings hat der Dispersionshof in solchen Fällen ganz spezifische Eigenarten. Wir müssen lernen, aus schwachen und sekundären Umwandlungen untergeordneter Minerale auf die Nähe von Vererzungen zu schließen.

In den USA wurde in einem bekannt gewordenen Falle das Nebengestein eines Blei-Erzkörpers bis auf 50 Meter vom Erzkörper untersucht. Von einer wenig mächtigen Kontaktzone im Bereiche eines Meters abgesehen, wurden nicht die geringsten mineralogischen oder chemischen Veränderungen im Nebengestein festgestellt. Also kein Dispersionshof? Doch, denn die amerikanischen Geologen stellten fest, daß sich im Isotopenverhältnis des Sauerstoffs im Gestein — bis auf 50 Meter Entfernung vom Gang — eine bedeutende Veränderung vollzogen hatte. Mit anderen Worten, in bestimmten Fällen ist ein anomales Isotopenverhältnis bestimmter Elemente in der Lage, auf entfernt liegende Erzkörper hinzuweisen.

Neben der Verbesserung der geophysikalischen Methoden, die sich vor allem beim Auffinden größerer Erzstrukturen, Erzzonen und Erzfelder bewährt haben, wobei unter Verbesserung eine größere Eindringtiefe und die Möglichkeit verstanden werden muß, mehrere Etagen unabhängig voneinander im Bild festzuhalten, neben einer solchen Verbesserung, die z. T. mit Hilfe der Aerometrie erreichbar ist, gilt es, neue Methoden zu entwickeln, die helfen, die Aussagekraft von Bohrlöchern bedeutend zu erhöhen und zu erweitern.

Bohrungen sind nicht nur kostspielig. Sie geben auch häufig nur Einblick in eine relativ kleine Zone um das Bohrloch. In zahllosen geologischen Situationen sagt eine negativ verlaufene Bohrung keineswegs mit Sicherheit aus, daß in der — vielleicht sogar nächsten — Nachbarschaft kein Erzkörper existiert.

Die in der Sowjetunion ausgearbeitete Methode der Radiodurchleuchtung der Erzkörper, mit deren Hilfe Erzkörper zwischen zwei nichtfündigen Bohrungen bis auf Entfernungen von 100 bis 150 Metern festgestellt werden können, ist ein Schritt in dieser Richtung.

Wir müssen vor allem bei den Sucharbeiten die Aussagekraft der Bohrungen auf einen Radius vergrößern, der beträchtlich über den heutigen — im Grunde den Bohrlochdurchmesser — hinausgeht.

In einer Methodik des Auffindens verdeckter Lagerstätten spielen somit geochemische und geophysikalische Verfahren eine hervorragende Rolle. Dabei wird die Geochemie mehr dazu übergehen müssen, Kartierungs- u. a. Bohrungen im Regionalmaßstab geochemisch zu bearbeiten, um die Elementenverteilung in der Horizontalen und Vertikalen des betreffenden Gebietes zu studieren und auf dem normalen geochemischen „Hintergrund" Anomalien zu erkennen, die auf Stoffanreicherungen größeren Ausmaßes hinweisen. Dieses Studium und das Studium der Dispersionshöfe können uns beträchtlich vorwärtsbringen. Es besteht kein Zweifel, daß ein solcher Stand erreicht werden kann, bei dem auf Grund des geochemischen Studiums der Gesteinsproben nicht nur gesagt werden kann, wie tief der Erosionsanschnitt ist, sondern auch mit welcher Sicherheit eine Vererzung im Horizont oder in der Teufe zu erwarten ist sowie welchen Grundcharakter diese Vererzung haben wird. Dazu ist heute notwendig, die Zonarität des Dispersionshofes, die gesetzmäßige Verteilung der Elemente im Profil und ihre primären und sekundären Aureolen zu studieren. Die Migrationsstärke der einzelnen Elemente in Abhängigkeit vom Chemismus der Gesteine, der Hydrogeologie usw. muß bekannt sein, wenn Schlußfolgerungen für die Sucharbeiten auf Lagerstätten gezogen werden sollen.

4. Die ökonomische Bewertung von Lagerstätten nutzbarer Rohstoffe

Es handelt sich hier um eine volkswirtschaftlich äußerst wichtige Frage, die gegenwärtig in vielen Ländern erörtert wird. Eine exakte Lösung wurde bisher noch nicht gefunden.

Die Teilung der Welt in zwei Wirtschaftssysteme hat dazu geführt, daß es gegenwärtig zwei Hauptarten der ökonomischen Bewertung von Lagerstätten gibt: die kapitalistische und die sozialistische. Die bürgerlichen Montanwirtschaftler sind sich darüber einig, daß der Wert eines Bergwerkes ausschließlich vom Profit abhängt, den es abwirft. HOSKOLD brachte 1877 diese Auffassung erstmals in die Form einer mathematischen Gleichung, die auch heute noch in den angelsächsischen Ländern anerkannt wird. Es kann nachgewiesen werden, daß die früher in Deutschland gebräuchlichen Formeln — die sogen. steuerliche Rentenformel, die Mengenformel, die Förderformel — nur vereinfachte Abarten der HOSKOLD-Formeln sind, ebenso wie die von P. KRUSCH und K. KEGEL vorgeschlagenen Formeln auf die HOSKOLDsche Urformel zurückgeführt werden können.

In jüngster Zeit wurden in sozialistischen Ländern einige Bewertungsvorschläge unterbreitet, bei denen der Einfluß der kapitalistischen Verfahren zu erkennen ist.

Der derzeitige Stand der wissenschaftlichen Bearbeitung dieses Problems in der Sowjetunion kann folgendermaßen charakterisiert werden:

1. Obwohl nicht wenige Kalkulations- und Berechnungsmethoden und ein ganzes System der vielfältigsten Kennziffern für die Lösung konkreter Aufgaben vorliegen, gibt es in der UdSSR keine anerkannte Methode der ökonomischen Bewertung von Lagerstätten. Die Meinungen gehen sowohl über Ziel und Aufgaben einer solchen Untersuchung auseinander wie über ihren Inhalt und die zu beachtenden Faktoren.

2. Es herrscht Übereinstimmung darüber, daß neben den Lagerstätteneigenschaften auch eine Reihe ökonomischer Faktoren zu beachten sind. Bei diesen können zwei Gruppen unterschieden werden: solche, die sich aus dem engeren Lagerstättenbezirk ergeben, und andere, die man volkswirtschaftliche oder gesamtstaatliche nennen könnte. Es existieren unterschiedliche Auffassungen darüber, ob und in welchem Umfang die gesamtstaatlichen Faktoren in die ökonomische Bewertung der Lagerstätte einzubeziehen sind.

Bei der Bearbeitung dieses Themas wurden in der DDR gewisse Fortschritte erzielt. Gestützt auf einige negative Erscheinungen in der sowjetischen Diskussion wurde vorgeschlagen, den Begriff „Bewertung" aus dem freien Sprachgebrauch, d. h. als Synonym für Beurteilung, Charakterisierung, Einschätzung usw., zurückzuziehen und nur im Sinne einer echten ökonomischen Bewertung zu verwenden. Ferner wird unterschieden zwischen „industrieller Einschätzung" und „ökonomischer Bewertung" einer Lagerstätte. Die industrielle Einschätzung prüft die Eignung der Lagerstätte zu einer Nutzung. Dazu werden lediglich die Lagerstätteneigenschaften und örtlich wirksame Faktoren herangezogen (Energie-, Wasser-, Arbeitskräfteversorgung, Transportverhältnisse u. ä.). Gesamtstaatliche Faktoren bleiben unberücksichtigt. Alle zu berücksichtigenden Faktoren können vom Bearbeiter, d. h. dem Erkundungsgeologen, übersehen werden. Er kann daher grundsätzlich die industrielle Einschätzung der Lagerstätte nach Beendigung der Untersuchungsarbeiten vornehmen.

Nachdem die industrielle Einschätzung die Eignung der Lagerstätte für eine Nutzung erwiesen hat, überprüft die ökonomische Bewertung, ob die Realisierung dieser von der Natur gegebenen Möglichkeiten heute oder zu einem anderen Zeitpunkt volkswirtschaftlich sinnvoll und zweckmäßig ist. Sie stützt sich auf die industrielle Einschätzung und berücksichtigt die gesamtstaatlichen Gesichtspunkte. Das kann nur durch die Leitungsorgane unserer Wirtschaft erfolgen.

Bevor eine neuerkundete Lagerstätte genutzt wird, müssen mindestens zwei Entscheidungen vorliegen:

a) es muß positiv entschieden worden sein, daß die Lagerstätte geeignet ist, Grundlage eines Förder- oder Gewinnungsbetriebes zu werden (industrielle Einschätzung);

b) es muß positiv entschieden worden sein, daß die Nutzung der Lagerstätte volkswirtschaftlich zweckmäßig ist. (Diese Entscheidung stützt sich auf die vorhergehende, überprüft die volkswirtschaftlichen Zusammenhänge und Folgen und entscheidet in Übereinstimmung mit der Linie unserer Wirtschaftspolitik [ökonomische Bewertung]).

Beide unterscheiden sich nach den zugrunde gelegten Gesichtspunkten, den zu berücksichtigenden Faktoren, den Kompetenzbereichen und den Ebenen, auf denen sie getroffen werden.

Die praktische Bedeutung einer solchen Abgrenzung und Arbeitsteilung besteht in der Vermeidung von Fehlentscheidungen bei der Erkundung und Nutzung von Lagerstätten und der Einsparung beträchtlicher Mittel.

5. Abschließende Bemerkung

In unserer DDR, dieser echten Heimstätte der Wissenschaften, stehen auch vor uns Geologen, Mineralogen, Paläontologen, Petrographen usw. zahlreiche praktische und wissenschaftliche Aufgaben. Jeder schöpferische Geist, jeder Einzelne und jedes Kollektiv, kann hier nicht nur seine Kräfte und sein Können an einer ihm gemäßen Aufgabe erproben. Jeder von uns kann Ehre und wissenschaftliches Ansehen für sich und unsere Republik erringen. Die Perspektiven für unsere Wissenschaft und jeden einzelnen Wissenschaftler sind wahrhaft gewaltig. Es kommt jetzt darauf an, sie zu verwirklichen.

Die heutigen Ansichten über die Stratigraphie des Tertiärs der nordböhmischen Braunkohlenbecken[1)]

Miroslav Malkovský, Praha

Die Anschauungen über die Stratigraphie des Tertiärs der nordböhmischen Braunkohlenbecken vor dem zweiten Weltkrieg sind hauptsächlich in den Arbeiten von W. Vortisch (1940) und W. Petraschek (1944) zusammengefaßt. Die nach dem Kriege in allen nordböhmischen Becken durchgeführten Untersuchungen sollten noch genauere Kenntnisse über die Stratigraphie und Verbreitung der Becken und über die Kohlenvorräte bringen. Die Ergebnisse dieser Untersuchungen haben die Vorstellungen der Wissenschaftler über zahlreiche wichtige, hauptsächlich stratigraphische Probleme geändert.

Methodisch gesehen, begannen die Untersuchungen im nordböhmischen Braunkohlenbecken mit einer systematischen Oberflächenkartierung, die durch technische Arbeiten, hauptsächlich Bohrungen, ergänzt wurde. An diese Arbeiten schlossen sich spezielle paläontologische, palynologische, sedimentpetrographische, geochemische und in kleinerem Ausmaß auch kohlenpetrographische Untersuchungen an. Die Lösung der stratigraphischen Probleme ermöglichte vor allem die weiteren systematischen geologischen Untersuchungen. Die Paläontologie konnte wegen der kontinentalen Entwicklung (fossilarme Sedimente) nur in einzelnen Fällen die geologischen Ergebnisse bestätigen.

Stratigraphie

Die geologischen Untersuchungen konzentrierten sich hauptsächlich auf die Revision der bisher ins Oligozän eingestuften Sedimente. Vor allem im Becken von Chomutov—Most—Teplice war das oligozäne Alter mehrerer Schichtenkomplexe umstritten.

In den bekannten Lagerstätten von Dinasquarziten in der Umgebung von Most wurden von J. E. Hibsch (1929) die Quarzitbänke samt den liegenden Tonen zum Mitteloligozän gerechnet. Nach J. E. Hibsch kam es zur Verquarzung mancher Sandsteinbänke durch bei der Verwitterung von Basalten freiwerdende Kieselsäure aus dem Hangenden. Neue Untersuchungen (J. Vachtl 1952) haben jedoch diese Ansicht über Alter und Entstehung der Dinasquarzite nicht bestätigt. Zunächst wurden in den Tonen im Liegenden der Quarzitbank bei Židovice südlich von Most Mikrofossilien der Kreide gefunden, wodurch das Oberkreidealter dieser Tone feststeht. Die Quarzitlage ist immer nahe der Obergrenze der Kreide entwickelt, sie entspricht aber nicht einem bestimmten stratigraphischen Horizont der Oberkreide, sondern kann — wie weitere Untersuchungen, bei denen die große Verbreitung der Quarzite zwischen Most und Žatec festgestellt wurde (J. Václ & M. Malkovský 1962), gezeigt haben — vom unteren Turon bis zum Coniac auftreten. Die Silifizierung der Kreidesedimente fand also an einer alten prätertiären Oberfläche statt und ist ein Produkt der fossilen, klimatisch bedingten Verwitterung, die sich im Zeitraum zwischen der Oberen Kreide und der Ausbildung der vulkanischen Serie des Tertiärs auswirkte. Zwischen den Quarziten und der vulkanischen Serie sind in der Umgebung von Most in der Regel keine psammitischen oder pelitischen Süßwassersedimente entwickelt, die oligozänes Alter besitzen könnten.

Ein zweites Verbreitungsgebiet oligozäner Sedimente ist die Umgebung von Podbořany. Nach den Untersuchungen von L. Kopecký (1956, 1957) ist hier über permischen kaolinisierten Sand- und Tonsteinen ein Tertiärschichtenkomplex, der Podbořany-Kaolinsandstein, entwickelt. V. Smetana (1932) hatte für die Podbořany-Kaolinsandsteine oligozänes Alter angenommen. Der Grund hierfür war das Vorkommen eines Quarzithorizonts an der Grenze der Kaolinsandsteine zu den hangenden Basalttuffiten, der als identisch mit den Quarziten aus der Gegend von Rakovník und Plzeň angesehen wurde. Eine genauere stratigraphische Einstufung der Kaolinsandsteine von Podbořany kann nur im Zusammenhang mit der vulkanischen Serie von Doupovské hory (Duppauer Gebirge) und České středohoří (Böhmisches Mittelgebirge) erfolgen. Es wird angenommen, daß die vulkanische Serie zum Aquitan, also schon zum Miozän, gehört. Aus der stratigraphischen Stellung der Kaolinsandsteine von Podbořany folgt eindeutig, daß sie älter als die Vulkanite der Doupovské hory sind und zum Oligozän gehören können. In der Gegend von Podbořany hat im Gegensatz zur Umgebung von Most eine verbreitete Sedimentation vor der vulkanischen Tätigkeit stattgefunden. Die Entstehung der Quarzite ist dieselbe wie bei Most, die ursprünglichen Sedimente haben aber oligozänes Alter. Das gleiche Alter hat auch die Silifizierung, die hier, im Gegensatz zur Umgebung von Most, in der kürzeren Zeitspanne zwischen der Sedimentation der Kaolinsande von Podbořany und der vulkanischen Tätigkeit erfolgte.

Zu den wichtigsten Änderungen in der Stratigraphie des nordböhmischen Tertiärs gehört auch die Umdatierung der sog. „Saazer Schichten" vom Oligozän ins Miozän durch M. Procházka (1955). Bei der geologischen Kartierung und durch Bohrungen wurde festgestellt, daß diese Schichten im Hangenden der vulkanischen Serie liegen, die überall im Liegenden der Tertiärsedimente entwickelt ist und die die Vulkanite von Doupovské hory und České středohoří verbindet. Bereits 1952 hat M. Procházka die stratigraphische Stellung der „Saazer Schichten" behandelt. Er fand in Probematerial aus verschiedenen Lokalitäten (Holedeč bei Žatec, Záhoří bei Žatec), die nach der Literatur zu den „Saazer Schichten" gehörten, die Gattung *Acer palaeopictum*, die in der Fachliteratur der ČSSR als *Acer nervatum* Vel., in der Literatur anderer Länder

[1)] Vortrag, gehalten auf dem I. Internationalen Kolloquium junger Geologen vom 2. bis 8. 10. 1960 in Potsdam

als *Acer pictum* THUNB. *fossile* oder *Acer laetum pliocenicum* SAP. et MAR. bezeichnet wird. Diese Gattung kommt an anderen Stellen in Europa bzw. Asien vereinzelt im Mittelmiozän, häufig aber im Oberen Miozän bis Pliozän vor. Außer in den ,,Saazer Schichten" wurde diese Gattung niemals aus dem Oligozän angeführt. 1955 vertrat M. PROCHÁZKA nun die Ansicht, daß die ,,Saazer Schichten" nicht oligozän, also älter als die vulkanische Serie, wären, sondern daß sie zum Miozän gehören. Durch weitere Bohrungen wurde festgestellt, daß die Sedimente der ,,Saazer Schichten" eigentlich nur eine Fazies der Beckensedimente ohne Kohlenschichten bilden. Ihre Flora entspricht vollkommen der Miozänflora des Beckens von Chomutov—Most—Teplice und z. B. nicht der Oligozänflora aus dem basalen Altsattel-Schichtenkomplex des Sokolov-Beckens. Ähnlicherweise haben auch die sog. ,,Alaunschiefer" bei Chomutov nicht oligozänes Alter, sie bilden nur eine Randfazies des Beckenmiozäns.

Im Zusammenhang mit der Bearbeitung der ,,Saazer Schichten" hat M. PROCHÁZKA (1955) auch eine neue stratigraphische Gliederung des Beckentertiärs für den Raum von Chomutov und Žatec gegeben. Durch neuere Untersuchungen ergänzt (J. VÁCL & M. MALKOVSKÝ 1962), ist die stratigraphische Gliederung jetzt folgende:

Miozän: Schichtenkomplex der hangenden Tone und Sande der Chomutov- und Žatec-Fazies
Schichtenkomplex der Braunkohlenflöze
oberer Kohlenflöz-Schichtenkomplex
oberer Zwischenflöz-Schichtenkomplex
mittlerer Kohlenflöz-Schichtenkomplex
unterer Zwischenflöz-Schichtenkomplex
unterer Kohlenflöz-Schichtenkomplex
Schichtenkomplex der liegenden Tone und Sande
unterer sandig-toniger Schichtenkomplex
basales Flöz (nur lokal entwickelt)
Vulkanische Serie
Oligozän: Basaler sandig-toniger Schichtenkomplex (mit den Kaolinsanden von Podbořany)

Die Gesteine, die früher als ,,Saazer Schichten" angesehen wurden, gehören stratigraphisch zu den Miozänsedimenten des Beckens von Chomutov—Most—Teplice, und zwar vorzugsweise zum Unteren und Mittleren Miozän. Die ,,Saazer Schichten" sind also nicht eine stratigraphische, sondern eine regionalfazielle Einheit. Paläontologisch belegt ist das miozäne Alter, abgesehen vom Charakter der Flora, der wärmeliebende Elemente fehlen, durch die Gattung *Acer palaeopictum* PROCHÁZKA. Die Gesteine der Žatec-Fazies entstanden in dem Teil des Beckens von Chomutov—Most—Teplice, in dem das meiste klastische Material vom Festland zugeführt wurde. Die größte Materialzufuhr erfolgte im Gebiet von Žatec von Süden her, und zwar durch einen südlich von Žatec ins Becken mündenden Fluß, der in seinem Mündungsgebiet das sandige Material abgelagert hat.

In letzter Zeit wurden auch die Ansichten über die Stratigraphie des Zittauer Beckens präzisiert (tschechischer Teil bei Hrádek). Die Sedimentation fand nicht im Oberoligozän statt, wie W. KRUTZSCH & D. LOTSCH (1958) annehmen. Nach den Untersuchungen von J. VÁCL & J. ČADEK (1962) begann die Sedimentation mit der vulkanischen Serie im Aquitan und endete in derselben Zeit wie im Becken von Chomutov—Most—Teplice, d. h. wahrscheinlich im Untertorton. Die Ablagerungen am Spitzberg bei Seifhennersdorf, wo ein etwa 50 m mächtiger Schichtenkomplex von tonigen Basalttuffen, Arkosesandsteinen und Diatomiten mit kleinen Braunkohlenflözen entwickelt ist, stellen Sedimentationseinlagerungen in der miozänen vulkanischen Serie dar. Ihre Einstufung ins Oligozän in einigen neueren Arbeiten (R. HUNGER 1953 und 1954, W. KRUTZSCH & D. LOTSCH 1958, K. PIETZSCH 1956) wurde durch die alte stratigraphische Einteilung des Tertiärs in vorbasaltische und nachbasaltische Braunkohlenformation beeinflußt.

Auf Grund von Vergleichsstudien mit dem marinen Tertiär der Karpaten wird angenommen, daß die Grenze Oligozän—Miozän an der Basis der vulkanischen Serie liegt. Das Aquitan wird also schon zum Miozän gerechnet. Nach vergleichenden Untersuchungen in Ostböhmen, wo in der Umgebung von Lanškroun die kontinentalen Sedimente in marines Untertorton übergehen, sowie auch auf Grund floristischer Vergleiche zwischen dem mittelböhmischen Süßwassertertiär und dem Schichtenkomplex der hangenden Tone und Sande im Becken von Chomutov—Most—Teplice wird angenommen (F. NĚMEJC 1949), daß die Sedimentation des Cypris- und des hangenden Schichtenkomplexes im wesentlichen im Untertorton endete. Diese Ansicht ist in letzter Zeit durch den Fund einer miozänen Säugetierfauna [*Dinotherium bavaricum* (CUVIER), *Trilophodon angustidens* (CUVIER), *Cricetodon brevis* (SCHAUB), *Cricetodon helveticus latior* (SCHAUB), *Palaeomeryx kaupi* (MEYER), *Anchitherium aurelianense* (CUVIER) usw.] bei Františkovy Lázně sowie durch pollenanalytische Untersuchungen (O. FEJFAR, B. PACLTOVÁ & B. ŽERT 1959) bestätigt worden.

Den Versuch einer stratigraphischen Parallelisierung der einzelnen Becken zeigt die stratigraphische Übersichtstabelle. Aus dieser ist die übereinstimmende stratigraphische Entwicklung des Tertiärs in den Becken von Cheb, Sokolov, Chomutov—Most—Teplice und Zittau ersichtlich.

Sedimentbildung

Auf Grund eines reichen Untersuchungsmaterials war es möglich, die Tertiärsedimente der nordböhmischen Becken in folgende Sedimentationsetappen zu gliedern:

Vierte Sedimentationsetappe — Pliozän:
nur lokal entwickelt
Dritte Sedimentationsetappe — Miozän:
Entstehung des hangenden Schichtenkomplexes
Zweite Sedimentationsetappe—Miozän:
Entstehung der vulkanischen Serie und des Liegenden sowie des kohlenführenden Schichtenkomplexes
Erste Sedimentationsetappe — Oligozän:
,,Basaler Schichtenkomplex" — Kaolinsande und -tone, Quarzite, Sandsteine

Die vorwiegend psammitischen Ablagerungen der ersten Etappe entstanden wahrscheinlich im Mittleren Oligozän in zahlreichen flachen Depressionen. Sie besaßen bedeutend größere Ausdehnung als die späteren Miozänbecken. Diese erste Tertiärsedimentation wurde schon im Oberen Oligozän durch erneute tektonische Bewegungen unterbrochen. Die Gesteine der ersten Sedimentationsetappe wurden dabei in beträchtlichem Maße abgetragen.

In der ersten Sedimentationsetappe haben sich in den Becken von Cheb und Sokolov der basale ,,Altsattler"-Schichtenkomplex und im Becken von Chomutov—Most—Teplice die Kaolinsande von Podbořany abgelagert. In České středohoří gehören hierher die Quarzite von Žitenice.

Stratigraphische Übersichtstabelle des Nordböhmischen Tertiärs. (Nach der Tabelle des Süßwassertertiärs von M. MALKOVSKÝ & J. VÁCL, ergänzt)

	Becken von Cheb	Becken von Sokolov	Doupovské hory	Becken von Chomutov-Most-Teplice	České středohoří	Zittauer Becken
Tertiär – Neogen – Pliozän	+ Schichtenkomplex von Wildenstein (Kaolintone und -sande) – 60 m	(Čankov-Sande ?)				
Tertiär – Neogen – Miozän – Untertorton	Cypris-Schichtenkomplex (Tone und tonige Sande, mit kalkigen Tonen und Mergeln) – 170 m +	Cypris-Schichtenkomplex – 140 m		Schichtenkomplex der hangenden Tone und Sande + – 400 m		Schichtenkomplex der hangenden Tone und Sande – 50 m
Tertiär – Neogen – Miozän	Hauptbraunkohlenflöz (Schichtenkomplex mit Flözen) – 40 m	Hauptbraunkohlenflöz (Schichtenkomplex mit Flözen, lokal in zwei Flöze, „Anton" und „Agnes" geteilt) – 60 m		Schichtenkomplex der Braunkohlenflöze (Flöz bis 40 m, bei Saaz Sande und Tone ohne Kohle 200 m)		Schichtenkomplex der Braunkohlenflöze (Sande, Tone, sandige Tone, tonige Sande mit Flözen) – 400 m
Tertiär – Neogen – Miozän – Aquitan	Schichtenkomplex der liegenden Tone und Sande	Vulkanisch-detritischer Schichtenkomplex (± Vulkanische Serie)	Vulkanische Serie	Schichtenkomplex der liegenden Tone und Sande – 175 m	Vulkanische Serie (+ Sande, Tone, Tuffite, Diatomite, Braunkohlenflözchen)	Verwitterung Vulkanische Serie
Tertiär – Neogen – Miozän – Aquitan	+	Verwitterung Josefiflöz (+ Tone, lokal Sande) – 15 m		Verwitterung Vulkanische Serie (Tuffe und Tuffite) – 125 m		
Tertiär – Paläogen – Oligozän	(?) Relikte des basalen Schichtenkomplexes – 40 m	Verkieselung basaler „Altsattler"-Schichtenkomplex (Sande, Quarzite, sandige Tone) – 40 m	Verkieselung basaler Schichtenkomplex (Kaolinsande von Podbořany, Quarzite)	Verkieselung Relikte des basalen sandig-tonigen Schichtenkomplexes	Verkieselung Relikte des basalen Schichtenkomplexes (z. B. bei Žitenice)	
Liegendes	Kaolinisierung Phyllit, Glimmerschiefer, Gneis, Granit	Kaolinisierung Phyllit, Glimmerschiefer, Gneis, Granit	Kaolinisierung Permokarbon, Gneis, Granit	Verkieselung Kaolinisierung Obere Kreide, Permokarbon, Gneis, Quarzporphyr	Verkieselung, Kaolinisierung Obere Kreide, Gneis	Kaolinisierung Gneis, Granit

Mit + ist die wahrscheinliche stratigraphische Einreihung der vulkanischen Tätigkeit bezeichnet (außer der eigentlichen Vulkanischen Serie).

Während der zweiten Sedimentationsetappe zu Beginn des Miozäns (im Aquitan) setzte im Raum der nordböhmischen Becken von Cheb bis Zittau ein ausgedehnter finaler alkalischer Vulkanismus, der stellenweise bis ins Quartär andauerte, ein. In dem kurzen stratigraphischen Hiatus zwischen der vulkanischen Serie und der folgenden miozänen limnischen Sedimentation hat die fossile Verwitterung eine intensive Veränderung der Hangendteile des Komplexes der vulkanischen Gesteine verursacht. Diese Verwitterung zeichnet sich bei den pelitisch verwitterten pyroklastischen Gesteinen durch typische vertikale Übergänge von kaolinitischen Tonmineralen (oben) zu montmorillonitischen (unten) aus.

Nach der vulkanischen Phase kam es zur eigentlichen Beckenbildung. Während der fortschreitenden Senkung wurden die Becken hauptsächlich mit sandigen und tonigen Süßwassersedimenten gefüllt. Nur während tektonischer Ruhe traten im Seichtwasser bis Sumpfmilieu üppige Vegetation und Kohlenbildung auf.

Die dritte Sedimentationsetappe ist hauptsächlich im Becken von Sokolov und im eigentlichen Becken von Chomutov—Most—Teplice ausgeprägt. Auf dem Kohlenflöz liegen stellenweise sogar Konglomerate und Sandsteine, die in die Beckenzentren bzw. im Hangenden in den Cypris-Schichtenkomplex bzw. in die hangenden Tone und Sande übergehen. Die vierte Sedimentationsetappe ist praktisch nur im Becken von Cheb entwickelt (Schichtenkomplex von Wildstein) und gehört schon dem Pliozän an.

Gleichzeitig mit der Lösung der stratigraphischen Probleme der nordböhmischen Becken wurden auch einige andere Ansichten korrigiert, z. B. über die Kaolinisierung im Liegenden des Tertiärs. Bisher nahm man an, daß die Kaolinisierung des Kristallins und der Kreidesedimente zwischen dem Coniac und Oligozän erfolgte oder an die Wirkung der Humussäure der Braunkohlenmoore im Miozän gebunden ist (W. R. ZARTNER 1930). In diesem Zeitraum erfolgte die Bildung der Kaolinlagerstätten in der Umgebung von Karlovy Vary, die Kaolinisierung des Kristallins im Liegenden der Tertiärsedimente im Becken von Cheb und die Bildung der Quarzitlagen im Gebiet zwischen Doupovské hory und České středohoří. Die Kaolinisierung bei Kadaň ist jedoch älter, sie entstand vor der Oberen Kreide, da kaolinisierte Gneise und Permokarbonsedimente in der Umgebung von Kadaň in Bohrungen unter den Kreidesedimenten festgestellt wurden (L. KAMARÁD & M. MALKOVSKÝ 1955, J. VÁCL & M. MALKOVSKÝ 1962).

Zusammenfassung

Verf. berichtet über die wichtigsten Ergebnisse der während der letzten 15 Jahre durchgeführten Untersuchungsarbeiten im kontinentalen Tertiär Nordböhmens. Für mehrere Schichtenkomplexe im Becken von Chomutov—Most—Teplice wurde das bisher angenommene oligozäne Alter widerlegt, z. B.: Dinasquarzite, „Alaunschiefer" bei Chomutov, „Saazer Schichten". Im tschechischen Teil des Zittauer Beckens (bei Hrádek) stellte man fest, daß die Sedimentation mit der vulkanischen Serie im Aquitan begann und in derselben Zeit wie im Becken Chomutov—Most—Teplice, d. h.

wahrscheinlich im Untertorton, endete. Die Ablagerungen der einzelnen Becken werden in einer Tabelle parallelisiert.

Резюме

Автор сообщает о важнейших результатах проведенных за последние 15 лет исследовательских работ в континентальных третичных отложениях Северной Чехии. Для нескольких комплексов отложений в бассейне Хомутов-Мост-Теплице, напр. динасовых кварцитов, „квасцовых сланцев" около Хомутова и „Саацких слоев", предположенный до сих пор олигоценовый возраст был опровергнут. В чешской части Циттауского бассейна (около Градец) было установлено, что осадконакопление началось в аквитане и как в бассейне Хомутов-Мост-Теплице окончилось в то же время, т. е. вероятно в нижнем тортоне. Отложения отдельных бассейнов сопоставляются в одной таблице.

Summary

The author gives an account of the most important results obtained by exploration works in the continental Tertiary of North Bohemia within the last 15 years. The Oligocene age hitherto supposed for several sedimentary complexes in the Chomutov—Most—Teplice basin, such as Dinas quartzites, „Alaunschiefer" near Chomutov, „Saazer Schichten", was proved wrong. In the Czech part of the Zittau basin (near Hrádek) it was found that the sedimentation began with the volcanic series in the Aquitanian, and ended at the same time as in the Chomutov—Most—Teplice basin, that is to say presumably in the Lower Tortonian. The deposits of the individual basins are parallelized in a table.

Literatur

FEJFAR, O., B. PACLTOVÁ & B. ŽERT: Der Fund einer miozänen Säugetierfauna bei Františkovy Lázně und das Ergebnis der Pollenanalyse von derselben Lokalität. — Věstník ÚÚG, XXXIV, 301—304, Praha 1959.

HIBSCH, J. E.: Erläuterungen zur geologischen Karte der Umgebung von Brüx. — Knihovna SGÚ, 11, Praha 1929.

HUNGER, R.: Mikrobotanisch-stratigraphische Untersuchungen der Braunkohlen der südlichen Oberlausitz und die Pollenanalyse als Mittel zur Deutung der Flözgenese. — Freiberger Forsch.-H., C 8, S. 5—38, Berlin 1953.

— Zur Stratigraphie und Fazies der Lausitzer Braunkohlen. — Freiberger Forsch.-H., C 9, S. 5—22, Berlin 1954.

KAMARÁD, L. & M. MALKOVSKÝ: Zpráva o geologickém mapování okolí Krásného Dvorečka a Rokle (list spec. mapy Kadaň) (3850). — Zprávy o geol. výzk. v r. 1954, 70—74, ČSAV, Praha 1955.

KOPECKÝ, L.: Výzkum východních okrajů Doupovských hor na Podbořansku 1954—1955. — Zprávy o geol. výzk. v r. 1955, 92—93, ČSAV, Praha 1956.

— Výzkum východních okrajů Doupovských hor na Podbořansku. — Zprávy o geol. výzk. v r. 1956, 95—97, ČSAV, Praha 1957.

KRUTZSCH, W. & D. LOTSCH: Übersicht über die paläogeographische Entwicklung des zentraleuropäischen Alttertiärs (ohne Tethys-Raum). — Ber. geol. Ges. DDR, 3, 99—110, Berlin 1958.

NĚMEJC, F.: The plant impressions of the tertiary accumulations (neogene) in Central Bohemia. — Studia Botanica Čechoslovaca, 10, Fas. 1—3, 14—103, Prague 1949.

PETRASCHECK, W.: Die Sudetenländer. — In: Handbuch der regionalen Geologie, Heidelberg 1944.

PIETZSCH, K.: Abriß der Geologie von Sachsen. — Berlin 1956.

PROCHÁZKA, M.: Javory severočeských třetihor. — Diss. an der naturwiss. Fak. der Karls-Univ., Prag 1952 (unveröff.).

— Paleontologický výzkum chomutovské a pětipeské pánve. — Zprávy o geol. výzk. r. 1954, 144—147, ČSAV, Praha 1955.

SMETANA, V.: Geologické poměry ložisek keramických surovin na území speciální mapy Rakovník (3951). — Sborník Státního geologického ústavu, 10, 89—126, Praha 1932.

VÁCL, J. & J. ČADEK.: Geologická stavba hrádecké části Žitavské pánve. — Sborník ÚÚG, 27, Praha 1962.

VÁCL, J. & M. MALKOVSKÝ: Geologie Žatecka. — Sborník ÚÚG, 27, Praha 1962.

VACHTL, J.: K otázce stáří a genese t.zv. oligocenních křemenců v okol Mostu v severozápadních Čechách. — Sborník ÚÚG, 19, 213—271, Praha 1952.

VORTISCH, W.: Das Tertiär des Sudetengaues westlich der Elbe. — Z. deutsch. geol. Ges., 92, 384—393 (1940).

ZARTNER, W. R.: Vorkommen und Entstehung des Kaolins um Kaaden a. d. Eger. — Věstník Státního geologického ústavu, 6, Nr. 4—6, 214—220, Praha 1930.

Über fossile, „prätertiäre" Verwitterungserscheinungen auf der Muschelkalkhochfläche nordöstlich von Jena[1]

K. P. UNGER & H. SCHRAMM, Jena

In den Jahren 1958/1959 erfolgten seitens des damaligen Geologischen Dienstes Jena die für den Neudruck notwendigen Revisionsaufnahmen des Mtbl. Bürgel (5036) — Bearbeiter: P. PUFF, K. P. UNGER. Die geologische Zweitkartierung des Gebietes lag in Form von vier Diplomarbeiten des Geologischen Instituts der Universität Jena (F. HERRMANN, R. HOFFMANN, R. RUDOLPH, W. UHL 1956) vor. Gleichzeitig damit begannen die Aufnahmen für eine Bodenkarte des Mtbl. Bürgel im Maßstab 1:25000 (Bearbeiter: H. SCHRAMM, D. RAU). Die erforderlichen Peilstangenkartierungen wurden weitestgehend gemeinsam durchgeführt, z. B. in einem Arbeitsgang die geologische und die bodenkundliche Aufnahme des Verbreitungsgebietes der tertiären Sedimente im NE-Teil des Meßtischblattes, in der Umgebung der Orte Rockau—Mertendorf—Karsdorfberg—Kischlitz.

Im folgenden werden die bei dieser Kartierung gewonnenen neuen Erkenntnisse über das Tertiär in diesem Abschnitt der Muschelkalkhochfläche dargestellt. Über die noch laufenden Arbeiten, die sich unter Einbeziehung des SE-Teiles des Mtbl. Camburg (4936) über ein erweitertes Untersuchungsgebiet erstrecken, soll nach deren Abschluß gleichfalls an dieser Stelle berichtet werden.

Gliederung der tertiären Sedimente

Auf den Muschelkalkhochflächen östlich des Saaletales zwischen Jena und Naumburg treten sehr häufig tertiäre Lockerablagerungen auf, die seit der geologischen Erstaufnahme des Landes im wesentlichen bekannt und in ihrer Verbreitung annahernd erfaßt sind. Insbesondere im Bereich der Meßtischblätter Camburg und Bürgel finden sich ausgedehnte Tertiärvorkommen, die durch zahlreiche, meist kleinere Aufschlüsse der Beobachtung zugänglich gemacht werden. Heute gewinnt man hier die in diesen Ablagerungen vorherrschenden, gut gerundeten Quarzkiese, und mehrere Kiesgruben ermöglichen einen Einblick in Aufbau und Lagerung der Sedimente. So lassen sich z. B. in größeren Abbauen innerhalb des Sedimentkomplexes mehr oder weniger lokale, unregelmäßige Einlagerungen von reinen bzw. tonigen Sanden und untergeordnet solche von weißen Tonen beobachten. Die Tone können sich örtlich anreichern, wie ihr vor und um die Jahrhundertwende lebhaft betriebener Abbau für die Töpfereien in Bürgel verdeutlicht. Darüber hinaus werden aus der Sedimentabfolge in älteren Beschreibungen vereinzelte braunkohlenartige Einlagerungen erwähnt.

Der häufige Wechsel aller genannten Bildungen auf engstem Raum, wie ihn die in Betrieb befindlichen Kiesgruben und die Beschreibungen über die heute verfallenen Tongruben erkennen lassen, hat von jeher eine Bearbeitung der tertiären Sedimente sehr erschwert. So wurde bei der Erstaufnahme des Meßtischblattes Bürgel von E. E. SCHMID (1879) lediglich ein Gebiet mit vorzugsweiser Verbreitung von Kies von einem Gebiet mit vorzugsweiser Verbreitung von Ton abgeschieden (Abb. 1). Die Abgrenzung der gesamten Tertiärbe-

[1]) Eingang des Manuskripts in der Redaktion: 25. 1. 1962

deckung geschah unseres Erachtens im wesentlichen an Hand der mehr oder weniger dichten Quarzschotterstreu. An dieser flächenhaften Darstellung des Tertiärs sind in den folgenden Jahren bei Neuaufnahmen kaum Änderungen vorgenommen worden. So deckt sich die von K. WALTHER (1905, Tafel II) veröffentlichte Karte im Maßstab 1:25000 — sie umfaßt den nordöstlichen Teil des Mtbl. Bürgel und den südöstlichen Abschnitt des Mtbl. Camburg — hinsichtlich der Verbreitung der tertiären Sedimente weitgehend mit der Kartierung von E. E. SCHMID, und lediglich das Tertiär auf der Höhe nördlich Karsdorfberg erscheint im Kartenbild als isolierte Fläche. Es ist von dem geschlossenen Vorkommen um Rockau—Mertendorf durch einen breiteren Muschelkalkausstrich getrennt. Dagegen verzichtete K. WALTHER in seiner Kartendarstellung auf die von E. E. SCHMID vorgenommene und oben bereits erwähnte Trennung der Sedimentfolge und stellte die tertiären Sedimente geschlossen als Unteroligozän (Stufe der Braunkohlenquarzite, Quarzgerölle, Sand, Ton) dar. In dieser Form liegt die Tertiäraufnahme sowohl der von der Preuß. Geol. Landesanstalt herausgegebenen Karte der „Fortsetzung der Finnestörung zwischen Saale und Elster“ im Maßstab 1:50000 (O. STEINER 1933) als auch der Neukartierung des NE-Teiles des Mtbl. Bürgel 1:25000 (R. RUDOLPH 1956) zugrunde. Auf diesen beiden Karten wird das Tertiär auf den Muschelkalkhochflächen östlich der Saale in Anlehnung an die Untersuchungen von B. v. FREYBERG (1923) als Eozän bezeichnet.

Verbreitung der tertiären Sedimente und ihre Lagerungsformen auf dem Muschelkalk

Bereits bei Übersichtsbegehungen für die Revisionsaufnahmen des Mtbl. Bürgel zeigte sich, daß im Bereich der tertiären Sedimente der anstehende Muschelkalk an verschiedenen Stellen nur von einer mehr oder weniger dichten Kiesstreu überzogen war. Die weite oberflächliche, fast ausschließliche Verbreitung der Quarzgerölle ist aber offensichtlich nur das Ergebnis pleistozäner und noch rezent wirksamer Umlagerungsvorgänge.

Die Kartierung mittels 1-m-Peilstangenbohrungen bestätigte diese Beobachtungen und erbrachte zunächst

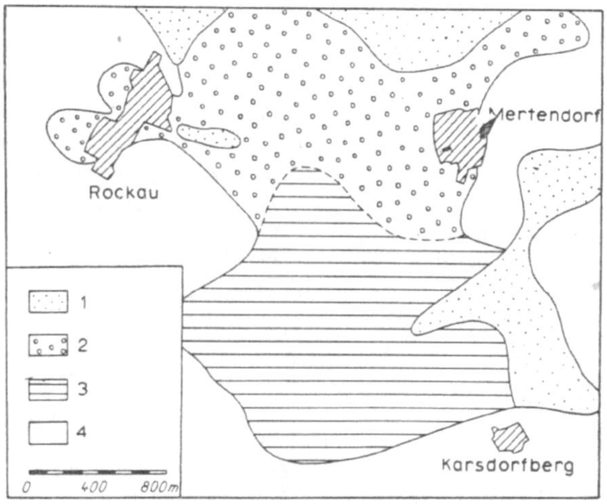

Abb. 1. Verbreitung der tertiären Sedimente im NE-Teil des Mtbl. Bürgel (5036) nach der Aufnahme von E. E. SCHMID (1879)

1 — quartäre Decke, 2 — „Untere Sande und Quarzgeschiebe“, 3 — „Untere Tone mit Sanden“, 4 — Muschelkalk

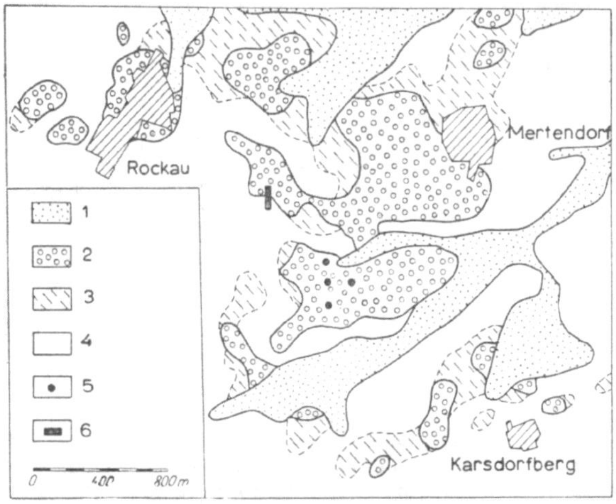

Abb. 2. Verbreitung des Tertiärs im NE-Teil des Mtbl. Bürgel (5036) nach der Neukartierung 1959

1 — Löß und Lößlehm, 2 — Quarzkiese und -sande mit vereinzelten Toneinschaltungen, 3 — grünlichbraune und gelbrötliche Verwitterungstone des Muschelkalkes, 4 — Muschelkalk, 5 — Bohrungen der Jahre 1904/1905, 6 — Schurfgebiet des Jahres 1959

überraschende Befunde über die Verbreitung der tertiären Sedimente und ihre Lagerungsformen auf dem Muschelkalk. Während der Aufnahme zeigte sich, daß das auf den bisher vorliegenden Karten geschlossen dargestellte Tertiär aus zahlreichen, allseitig vom Muschelkalk umgebenen Einzelvorkommen besteht, die im Zentrum des Untersuchungsgebietes eine größere Ausdehnung besitzen. Sie konnten deshalb im einzelnen noch auskartiert werden. In Richtung auf die äußere Verbreitungsgrenze des Tertiärs — nach W, SW und S zu — wurden diese Bildungen so klein, und Muschelkalk und intakte Kieslager wechselten oberflächlich auf engstem Raum derart, daß auf eine naturgetreue Wiedergabe der Verhältnisse bereits im Aufnahmemaßstab 1:10000 verzichtet werden mußte. Trotzdem lassen sowohl die Arbeitskarte als auch das endgültige Kartenbild im Maßstab 1:25000 (Abb. 2) mit deutlich sichtbaren länglich-ovalen bis nahezu kreisrunden Kieslagern eine Lagerung der Sedimente in kleineren und größeren geschlossenen, teils isolierten, teils zusammenhängenden, Hohlformen vermuten. Die tertiären Ablagerungen überdecken demnach wahrscheinlich ein fossiles Karstrelief des Muschelkalkes und gleichen es aus.

Außer Hinweisen über die Lagerungsformen erbrachten die Peilstangenbohrungen weitere Befunde über die Abfolge der tertiären Bildungen, die die bereits geschilderte Deutung stützen. Im gesamten Kartierungsbereich konnte zwischen den tertiären Kiesen und dem intakten Muschelkalk immer wieder — teils saumförmig, teils flächenhaft die Kieslager allseitig umschließend — ein gelbgrüner bis gelbbrauner, teils ockerfarbener, fetter, kalkfreier Ton nachgewiesen werden. Die Quarzschotter liegen diesem Ton mit scharfer Grenze auf, obwohl ihre basalen Lagen teilweise mit tonigem Material verunreinigt sein können.

Die Ergebnisse dieser Oberflächenkartierung bestätigen damit die aus Bohrungen der Jahre 1904/1905 von K. WALTHER (1905, S. 76) mitgeteilte Abfolge der tertiären Sedimente. Hier werden unter den Quarzkiesen stets „braungraue oder gelbliche Letten“ aufgeführt, die auf Grund der gegebenen Beschreibungen zweifelsohne den jetzt in gleicher Position aufgefundenen Tonen entsprechen. Da die Bohrungen (vgl. Abb. 2) ziemlich im Zentrum eines der ausgegliederten Tertiärvorkommen niedergebracht wurden, die dem Muschelkalk auflagernden tonigen Sedimente hier von rund 20 m Sanden und Kiesen überlagert werden, verdeutlichen Kartierung und Bohrergebnisse die bereits erwähnte Lagerung der tertiären Bildungen.

Am Kontakt des liegenden Tons mit dem festen, unveränderten Muschelkalk wurde bei den Handbohrungen häufig als Übergangszone ein weißgrauer, kalkhaltiger Schluff beobachtet, der von vornherein den Eindruck erweckte, als seien die Tone als fossile Verwitterungsprodukte des Kalksteins aufzufassen. Die tertiären Sedimente im Bereich des Mtbl. Bürgel — Quarzkiese und Quarzsande mit nur örtlichen Einschaltungen von weißen Tonen — würden demzufolge einer kräftig verwitterten „prätertiären Landoberfläche“ aufliegen und deren Karstrelief völlig ausgleichen. Die von E. NAUMANN & E. PICARD (1909, S. 17) und von B. v. FREYBERG (1923, S. 30) erwähnten Beobachtungen von der Muschelkalkhochfläche des Mtbl. Naumburg bzw. von der Querfurter Platte bei Schraplau bestärkten Verf. in ihrer Vermutung. In Muschelkalkbrüchen wurden dort verschiedentlich Taschen und breitere Spalten angetroffen, die mit einem hellgrau-gelblich gefärbten tertiären Ton gefüllt waren, der von v. FREYBERG als Rückstandsprodukt des zersetzten Muschelkalkes angesehen wurde.

Ausbildung der prätertiären Landoberfläche

Bei der Kartierung des Meßtischblattes Bürgel wurde diesem Problem weitere Aufmerksamkeit geschenkt, und im Randgebiet eines tertiären Sedimentvorkommens (vgl. Abb. 2) konnte die obenbeschriebene Schichtenfolge durch Schurfarbeiten aufgeschlossen werden.

Mit einem 20 m langen Schurfgraben (Abb. 3) wurde von S nach N zunächst eine kleinere und dann der Rand einer größeren, mit tertiären Bildungen gefüllten Hohlform angeschnitten. Diese Einsenkungen im Muschelkalk können wegen der im gesamten Einschlag beobachteten völlig söhligen Lagerung des mu_2 nur als Lösungsdolinen des Kalksteins gedeutet werden. Zwischen den tertiären Sedimenten (Sanden und Kiesen) und dem unverwitterten Muschelkalk schaltet sich im Bereich der Hohlformen der gelblichgrüngraue Ton mit wechselnder Mächtigkeit ein, und lediglich auf dem „Muschelkalkrücken“ zwischen den Hohlformen ist er durch spätere Abtragung und Umlagerung entfernt.

Die „braungrauen bis gelblichen Letten“, von K. WALTHER (1905) als Sedimente angesehen, sind — das ergaben die Schürfe eindeutig — als Verwitterungsprodukte des Muschelkalkes aufzufassen (vgl. Abb. 4 und Tab).

Die tiefste Verwitterungsstufe des Kalksteins ist in der Regel ein 5—10 cm mächtiger, weißgrauer, noch stark kalkhaltiger toniger Schluff. Sein „Sandgehalt“ von 15,9% und sicherlich ein Teil des Staubes sind nach binokularen Untersuchungen ausschließlich kleine, noch

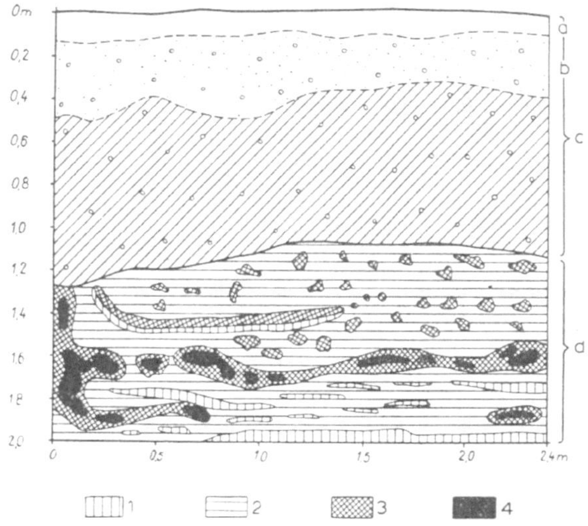

Abb. 4. Ausschnitt aus der fossilen Muschelkalkverwitterungsdecke Rockau (vgl. Abb. 3)

1 — weißgrauer Schluff, 2 — grüner Ton, 3 — rotbrauner Ton mit Ockernestern, 4 — Fe-Krusten
a — Ap-Horizont, b — gC-Horizont, c — pleistozäne Decke mit rezenter Bodenbildung, d — fossile Muschelkalkverwitterung (s. Legende)

nicht ganz zersetzte mu_2-Reste. Dieser Schluff geht nach oben zu in einen graugrünen, schluffigen, insgesamt kalkfreien Ton über, der nur in den tieferen Partien noch ab und zu weißgraue Schluffbänder einschließt. In seinen höheren Lagen treten dagegen sehr zahlreiche Bänder und Fetzen von leuchtend rotbraunem Ton auf, der seinerseits kleine Ockernester umschließt. Die mächtigeren Lagen dieser rotbraunen bis rötlich-ockerfarbenen Gebilde enthalten in ihrem Zentrum dann feste, zellig-poröse, schlackenähnliche Eisenkrusten, deren Hohlräume mit typischem Ocker gefüllt sind. Die 33,9% „Sandanteil“ des rotockerfarbenen Tones sind ausschließlich winzige Fe-Verkrustungen.

Es ist anzunehmen, daß in vielen Fällen die höchsten Teile des fossilen Muschelkalkverwitterungsprofiles vor bzw. während der Sedimentation der tertiären Quarzkiese teilweise abgetragen und umgelagert worden sind. Die tertiären Bildungen und außerhalb der Dolinen der liegende Muschelkalk werden diskordant von einer pleistozänen Deckschicht überlagert, in der Tone, Sande, Kiese und Muschelkalkbruchstücke vermischt sind.

Die Ergebnisse der Schurfarbeiten unterstreichen also in überzeugender Weise die auf Grund der Peilstangenkartierung im Gebiet des Mtbl. Bürgel zunächst nur vermuteten Befunde und bestätigen gleichzeitig für den Bereich des Muschelkalkplateaus östlich der Saale die im Gebiet der Finnestörung bei Eisenberg entwickelte Auffassung über die tertiären Landoberflächen in Thüringen (B. v. FREYBERG 1923).

Vor Ablagerung der tertiären Sedimente waren auch auf den Muschelkalkhochflächen unter dem Einfluß eines offenbar feuchtwarmen Klimas eine tiefgründige Verwitterungsdecke und darüber hinaus ein typisches Karstrelief entstanden. Diese Bildungen wurden von den

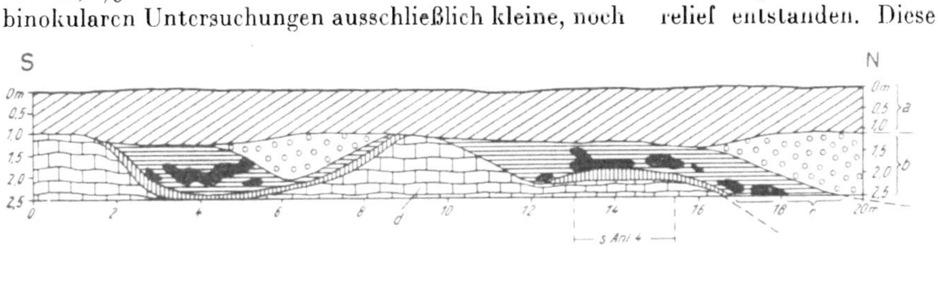

Abb. 3. Lagerung des Tertiärs auf dem Muschelkalk südöstlich von Rockau

a — pleistozäne Deckschicht, b — (eozäne?) Quarzkiese und -sande, c — grünlichbraune und gelbrötliche Verwitterungstone des Muschelkalkes, d — Oberer Wellenkalk (mu_2)

Korngrößenzusammensetzung (in mm und in % der Feinerde < 2 mm) der fossilen Muschelkalkverwitterungsbildungen südöstlich Rockau

s. Abb. 4	Sand 2,0–0,6	0,6–0,2	0,2–0,06	Staub 0,06–0,02	Schluff 0,02–0,006	0,006–0,002	Ton 0,002	Diff.
rotbrauner Ton mit Ockernestern	20,1	10,2	3,6	2,9	13,8	7,8	43,5	+1,9
grüngrauer–grüngelber Ton	0,3	0,3	0,2	11,6	17,4	10,8	59,1	–0,3
weißgrauer Schluff	8,5	5,4	2,0	12,5	39,1	6,9	27,5	+1,9

tertiären Ablagerungen überdeckt, wobei sicherlich lokale Umlagerungen der fossilen Bodendecke erfolgten. Eine postsedimentäre flächenhafte Abtragung beseitigte schließlich große Teile der tertiären Sedimente und des verwitterten triassischen Untergrundes und schuf die „altpliozäne Fastebene“ im Sinne von B. v. FREYBERG. So sind heute im Bereich der Muschelkalkhochfläche lediglich die größeren und tiefreichenderen, von tertiären Ablagerungen erfüllten Karsthohlformen erhalten, und nur in ihnen ist die fossile, „prätertiäre“ Verwitterungsrinde noch intakt zu beobachten.

Über die pedogeologische Untersuchung dieser Verwitterungsbildungen auf verschiedenem Ausgangsmaterial (Unterer, Mittlerer und Oberer Muschelkalk) — verbunden mit tonmineralogischen und chemischen Untersuchungen — wird nach Abschluß noch laufender Arbeiten berichtet werden.

Zusammenfassung

Durch Neukartierung und Schurfarbeiten im Bereich des Meßtischblattes Bürgel konnte unter den tertiären (eozänen?) Sedimenten auf der Muschelkalkhochfläche ein altes Karstrelief nachgewiesen werden. Die überall zwischen den Sedimenten (Quarzkiesen und Quarzsanden) und dem intakten Muschelkalk auftretenden gelbbraunen bis grüngrauen Tone wurden als fossile Verwitterungsprodukte des Kalksteins bestimmt.

Резюме

Новыми картировочными работами и шурфами в пределах планшета Бюргель удалось выявить древний карстовый рельеф под третичными (эоценовыми?) осадками на плоскогорье раковистого известняка. Встречающиеся повсюду между осадками (кварцевыми гальками и кварцевыми песками) и целым раковистым известняком желтобурые до зеленосерые глины были определены как ископаемые продукты выветривания известняка.

Summary

A new mapping and prospecting in the area of Bürgel planetable sheet permitted to demonstrate an old karst topography on the coquina plateau below the Tertiary (Eocene?) sediments. Yellowish-brown to greenish-grey clays found everywhere between the sediments (quartz gravels and quartz sands) and the intact coquina were identified as fossil weathering products of the limestone.

Literatur

FREYBERG, B. v.: Die tertiären Landoberflächen in Thüringen. — Fortschr. Geol. u. Paläont., 6, Berlin 1923.

NAUMANN, E. & E. PICARD: Erläuterungen zur Geologischen Karte von Preußen usw., Blatt Naumburg. — Berlin 1909.

RUDOLPH, R.: Geologische Neukartierung des NE-Viertels von Blatt Bürgel. — Unveröff. Diplomarbeit; Jena 1956.

SCHMID, E. E.: Geologische Karte von Preußen usw., Blatt Bürgel, mit Erläuterungen. — Berlin 1879.

STEINER, O.: Die Fortsetzung der Finnestörung zwischen Saale und Elster. — Jb. preuß. geol. Landesanst. f. 1932, 53, S. 587–598, Berlin 1933.

WALTHER, K.: Geologische Beobachtungen in der Gegend von Jena in Thüringen. — Jb. Miner., Geol., Paläont., Beil.-Bd., XXI, S. 63–97, Stuttgart 1905.

Feinstratigraphie und Reaktionsanalyse im Kulm und Devon des Enkenberges (Blatt Madfeld, Ostsauerland)[1]

HANS D. PFLUG, Gießen

Einleitung

Die spektrale Analyse des von einem Gestein reflektierten Lichtes kennzeichnet bestimmte Fazieseigenschaften, die sich in Remissionskurven ausdrücken lassen. Mit Hilfe geeigneter Instrumente und Verfahren sind heute unbehandelte Bohrkerne auch von beträchtlicher Länge schnell und exakt zu messen. In ähnlicher Weise läßt sich die natürliche Fluoreszenz der Gesteine nach Intensität und spektraler Energieverteilung leicht analysieren. Daß die Meßergebnisse eine gute Ergänzung zu den üblichen Profiluntersuchungen abgeben, hat sich schon an Kohlen- und Kaliflözen (H. D. PFLUG 1957, 1962) gezeigt.

Ein weiteres Feld photometrischer Methodik eröffnet die Reaktionsanalyse. Die neuesten Ergebnisse ermöglichen eine Vereinfachung des Verfahrens und eine Steigerung der quantitativen Genauigkeit. Verf. berichtet speziell über einige Untersuchungen an schwerlöslichen Gesteinen mit hohen silikatischen Anteilen.

Als Beispiele werden die Untersuchungsergebnisse zweier Kernbohrungen aus dem Eisenerzdistriktfeld Brilon/Westfalen (158 m und 185 m Teufe) angeführt. Diese Kerne sind gleichzeitig von H. BOTTKE auf Conodonten untersucht und stratigraphisch eingeordnet worden. Weitere Mikrofossilien werden z. Z. noch bearbeitet.

[1]) Eingang des Manuskripts in der Redaktion: 22. 1. 1962

Geologischer Überblick

Die Untersuchungen erstrecken sich auf folgende Bohrprofile:

1. Bohrung Enkenberg 10 (Rechts ^{34}81085,5, Hoch ^{56}98236,5)

2. Bohrung Enkenberg 11 (Rechts ^{34}81148,0, Hoch ^{56}98248,0) Meßtischblatt Madfeld (Nr. 2586), Eisenerzdistrikt Brilon (Ostsauerland).

Die Bohrungen am Enkenberg liegen nur etwa 700 m auseinander. Sie lassen erhebliche Unterschiede in der Mächtigkeit und Fazies erkennen, so daß ein schneller Fazieswechsel auf engem Raum vorzuliegen scheint.

Die Bohrungen wurden im Bereich der alten Roteisensteingrube Enkenberg, an der NE-Umbiegung des Messinghäuser Sattels, niedergebracht. Sie dienten der Untersuchung der exhalativ-sedimentären Roteisensteine des oberen Givet. Der Messinghäuser Sattel wird in seinem Kern von Schalsteinen und Diabasmandelsteinen des givetischen Hauptgrünsteins aufgebaut, von dem die Bohrung 11 eine etwa 9 m mächtige Schalsteinfolge erbohrt hat: Unten sind es vorwiegend feinkörnige, geschichtete, calcitreiche Schalsteine, die weitgehend chloritisiert sind. Darüber folgen grobe Kalk-Schalstein-Breccien, die hangendwärts wieder feinkörniger werden und dann zunehmend eine flinzartige, dunkle, organische Substanz enthalten. Für die gesamte Mächtigkeit des Hauptgrünsteins in diesem Raum gibt H. BOTTKE (1962) 180—200 m an.

Das Obere Mitteldevon wird in beiden Bohrungen durch massige Kalke der Eskesberger Fazies vertreten, wie sie auch in Aufschlüssen auf beiden Flügeln des Messinghäuser Sattels zutage ausstreichen. Während diese im NE-Teil des Messinghäuser Sattels 20—25 m Mächtigkeit erreichen, werden sie in der Bohrung 11 zwischen Schalstein im Liegenden und Roteisensteinlager im Hangenden nur 1,2 m, in Bohrung 10 nur 1,1 m mächtig. Im Bereich des Enkenberges ist also der größte Teil des Eskesberger Kalkes durch givetischen Schalstein ersetzt. Die Kerne bestehen aus dichtem, grauem bis bräunlichem, nur undeutlich gebanktem Kalk, der stellenweise metasomatisch vererzt ist, mit groben Dolomitaggregaten in porig-zelligen Lösungshohlräumen.

Vom Roteisensteinlager selbst standen keine Proben zur Verfügung, da diese zur Analyse benötigt wurden. Der Bohrbericht verzeichnet „dichtes kalkiges Roteisenerz", 2,3 m mächtig in Bohrung 10 und 2,1 m in Bohrung 11.

In einem Schurf am Gipfel des Enkenberges gaben W. PAECKELMANN & F. KÜHNE (1936) für das oberste Givet folgende Mächtigkeiten an:

Hangendes: Adorfer Kalk
3 m Roteisenstein
9 m massiger Eskesberger Kalk
Liegendes: Schalstein des oberen Givet

Primäres Eisenerzsediment fehlt hier. Mit „Eisenstein" wird metasomatisch vererzter Eskesberger Kalk und Adorfer Kalk bezeichnet. Bei Zunahme der Mächtigkeiten des givetischen Eskesberger Kalkes und mit zunehmender Entfernung von den auch am NW-Flügel des Ostsauerländer Hauptsattels und am Messinghäuser Sattel feststellbaren vulkanischen Schwellen nimmt die Mächtigkeit des Eisenerzsedimentes ab. Die Roteisenerzlager „verkalken" durch Abnahme des Fe-Gehaltes. Diese faziellen Zusammenhänge hat erst kürzlich H. BOTTKE (1962) für die ostsauerländischen Roteisensteinlagerstätten des Lahn-Dill-Typs dargestellt.

Am Enkenberg bleiben im Oberdevon diese Faziesgegensätze erhalten. Die Adorf-Stufe ist in den Bohrungen noch relativ mächtig, besonders im tieferen Teil. Zu dieser Zeit lag nach W. PAECKELMANN (1936) die Bredelar-Bremkar-Schwelle südlich des Messinghäuser Sattels. Diese wanderte später nach Norden und beeinflußte auch das Untersuchungsgebiet. So wurden im höheren Oberdevon hier relativ geringmächtige, zum Teil lückenhafte Folgen bei weiterhin engräumigem Fazieswechsel abgelagert.

Der tiefere Teil der Adorf-Stufe, der zur Zone to 1α gehört, ähnelt petrofaziell dem Dorper Kalk. Man beobachtet eine Folge kaum gebankter dichter, graublauer, z. T. sekundär verfärbter rötlicher oder bräunlicher Kalke, von der liegenden Eskesberger Fazies lithologisch kaum zu unterscheiden. Die Mächtigkeiten betragen in Bohrung 10 ca. 11 m, in Bohrung 11 ca. 13 m. Größere Partien sind von Klüften und Hohlräumen aus dolomitisiert und metasomatisch vererzt worden. Nach oben nehmen diese sekundären Veränderungen an Intensität ab. Der Dorper Kalk in Bohrung 10 ist be-

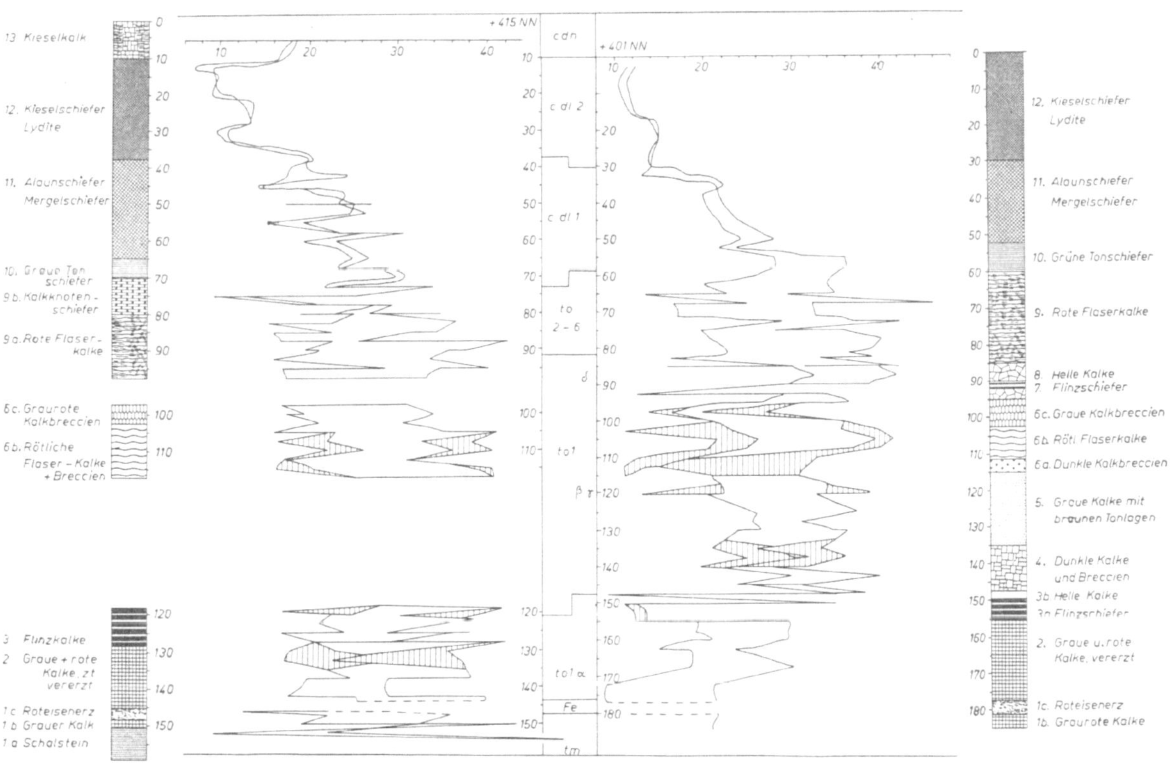

Abb. 1. Natürliche Remissionen in den Profilen Enkenberg 10 (rechts) und Enkenberg 11 (links), jeweils dargestellt durch die RP-Kurve im Rot (680 nm) und im Violett (430 nm)

Abszisse: Remission R, Ordinate: Profil P. Beide Bohrungen stratigraphisch gleichgesetzt. Schraffiert: Streubereich der Remission in brecciösen Schichten

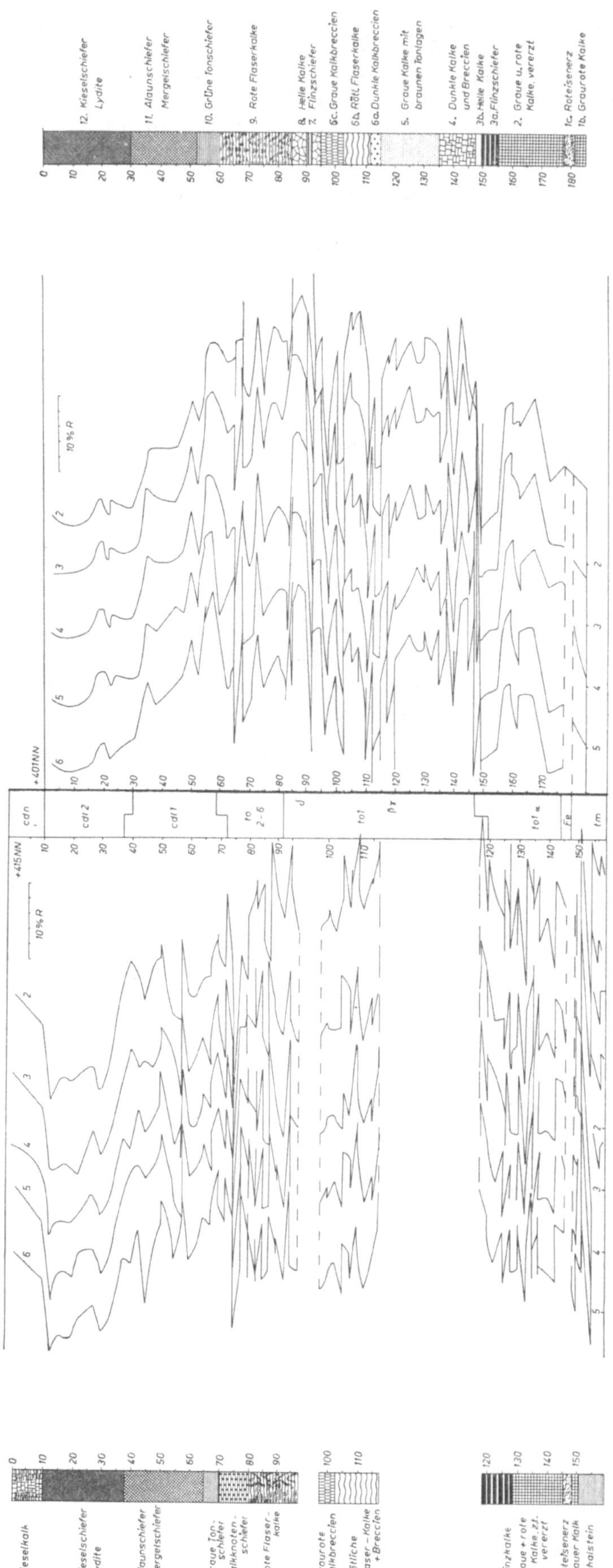

Abb. 2. Natürliche Remissionen in den Profilen Enkenberg 10 (rechts) und Enkenberg 11 (links), mit den RP-Kurven 460 nm (6), 500 nm (5), 540 nm (4), 580 nm (3), 620 nm (2)
Die Nullpunkte sind gegeneinander versetzt und am unteren Rand markiert. Alle anderen Angaben wie in Abb. 1

sonders hell und massig, zeigt hohe Orange- und Gelb-Fluoreszenz, führt wenig Eisen und Bitumen. Die Bohrung 11 ist stärker gegliedert. Hier sind im liegenden Teil einige Kalkbänke mit asphaltartiger Substanz imprägniert, diese lassen eine bemerkenswert hohe Fluoreszenz im Violett erkennen. Im mittleren Teil sind grünlich-graue Lagen von tuffitischem Charakter eingeschaltet, gekennzeichnet durch höheren Eisengehalt und niedrigere Fluoreszenz. Der hangende Abschnitt besteht aus hellgrauen und rötlichen, gut gebankten, feinkristallinen Kalken und Kalkmergeln, vielfach mit Flasertextur. Fluoreszenzen im Gelb und Violett sind für sie charakteristisch.

Die Gegensätze zwischen beiden Profilen werden in der hangenden Flinzfazies des to 1α deutlicher. Einer etwa 5 m mächtigen Folge schwarzer Flinzschiefer in Bohrung 10 steht in Bohrung 11 eine ca. 8 m starke dunkle Flinzkalkfolge gegenüber. In Bohrung 10 setzt diese Folge mit schwarzen Tonschiefern ein. Einige dieser Schichten erreichen die für das ganze Profil absolut höchste Lichtadsorption, sie übertreffen darin auch die schwarzen Alaunschiefer des Kulm. Außer im Violett fluoreszieren sie so gut wie nicht. Eingeschaltete hellere, kalkig-tuffitische Lagen lassen stärkere Fluoreszenz im Rot und Orange erkennen. Nach oben nimmt der Gehalt an dunklem Bitumen ab, der Kalkgehalt dagegen zu. Die Fluoreszenz im längerwelligen Bereich wird damit erhöht.

Zum Hangenden setzt sich in Bohrung 10 das Profil im to 1β/γ mit insgesamt ca. 34 m mächtigen Flaserkalken fort. Man beobachtet feinkristalline, geschichtete rote und graurote Kalke mit Flaserkalk- oder Breccientextur in rötlicher und dunkelgrauer toniger Matrix. Sie treten in Wechsellagerungen mit rötlichen, braunen oder grauen Kalkmergel- oder Tonmergellagen auf. Ein dunkler Flinzschieferhorizont entspricht feinstratigraphisch dem Kellwasserhorizont an der Liegendgrenze der Zone 1γ der Adorf-Stufe in der Bohrung 10. Er fehlt in Bohrung 11. Auch sonst ist die mittlere Adorf-Stufe in Bohrung 11 viel geringmächtiger entwickelt.

Im höheren Oberdevon werden die Faziesgegensätze zwischen beiden Bohrungen gemildert. Die in beiden Bohrungen nur jeweils 25 m mächtige Folge ist in den Abb. 1—4 stratigraphisch nicht weiter gegliedert worden. Im tieferen Teil finden sich in beiden Bohrungen noch rote, z. T. flaserige

Kalke mit Einschaltungen von rötlichen und grauen Mergeln. Der hangende Abschnitt in Bohrung 11 ist als grauer Kalkknotenschiefer ausgebildet.

Vom Kulm liegen Faunenbestimmungen nur aus Bohrung 11 vor. Nach der Fazies sind vier Abschnitte zu unterscheiden, die sich mit der örtlichen Gliederung, wie sie u. a. von W. PAECKELMANN & F. KÜHNE (1936) oder A. VOGES (1960) durchgeführt wurde, gut vergleichen lassen. In Bohrung 10 findet über einer wenige Meter mächtigen Folge grünlich-grauer, toniger Schiefer mit Einschaltungen von schmalen Kalklinsen, etwa den Hangenberg-Schichten vergleichbar, ein kontinuierlicher Übergang durch Verlust des Kalkgehaltes und Zunahme dunkler organischer Substanzen in die liegenden Alaunschiefer des Kulm statt. Diese werden in beiden Profilen ca. 27,5 m mächtig. In Bohrung 11 schalten sich im Hangenden der Kulm-Alaunschiefer mehrere Lyditbänke ein. Die Grenze zum überlagernden Horizont der Lydite (cdl 1 gegen cdl 2 nach unserer Bezeichnung) wurde über eine Bank von charakteristischem Remissionsverhalten gelegt. Vom Kieselkalk sind nur die liegenden 12 m in Bohrung 11 erfaßt. Er setzt mit scharfer Grenze über dem Horizont der Lydite ein.

Profilaufnahme und Probenentnahme

Die Proben wurden unmittelbar aus den Kernkästen ausgewählt, und zwar wurde von jeder Gesteinsart, so geringmächtig sie auch war, mindestens ein Kernstück entnommen, von längeren gleichartigen Kernstrecken auch mehrere. Hinzu kamen weitere Proben, welche die Schichtgrenzen selbst oder deren unmittelbare Nachbarschaft umfassen. Die Gesamtzahl beläuft sich auf 116 Proben aus Bohrung 10 und 120 Proben aus Bohrung 11. Sie verteilen sich also nicht in gleichen Abständen über die Bohrprofile. In der Länge messen die Probenstücke meist mehrere Dezimeter.

Die lithologische Gliederung der Profile ist aus den Tab. 1 und 2 ersichtlich. Der feinstratigraphischen Einordnung liegen Conodonten-Bestimmungen von H. BOTTKE zugrunde. Die Proben hierfür wurden getrennt von den Proben für die Reaktionsanalyse entnommen. Die Profilbeschreibung der amtlichen Bohrberichte stimmt mit der hier gegebenen grundsätzlich überein. Die Mächtigkeitsangaben sind etwas auf- bzw. abgerundet.

Verfahren und Darstellung der photometrischen Messungen

Über die Messung der natürlichen Remission und Fluoreszenz von Gesteinen berichtete H. D. PFLUG (1962) in der Arbeit über Kalisalze. Nur in wenigen Punkten wurde für die Enkenberger Proben das Verfahren geändert. Als photometrisches Meßinstrument diente das Zeiss-„Elrepho". Gemessen wurde unmittelbar an der Oberfläche der nichtvorbehandelten Bohrkerne. Die Remissionsmessungen waren auf 0,5%, die Fluoreszenzmessungen auf 0,1% genau reproduzierbar.

In Abb. 1 werden die natürlichen Remissionen in Abhängigkeit zu den beiden Bohrprofilen in je einem Kurvenband dargestellt (RP-Diagramm = Remissions-Profil-Diagramm). Die linke Grenzlinie bezeichnet jeweils die Remission im Violett (420 nm), die rechte die im Rot (680 nm). Diese beiden Wellenbereiche eignen sich gut zur Übersichtsbetrachtung, da sie in den meisten Fällen den im sichtbaren Spektrum niedrigsten und höchsten Remissionswert eines Gesteins repräsentieren oder diesen Werten sehr nahestehen. Die stratigraphische Skala (Mitte) ist durch Conodonten

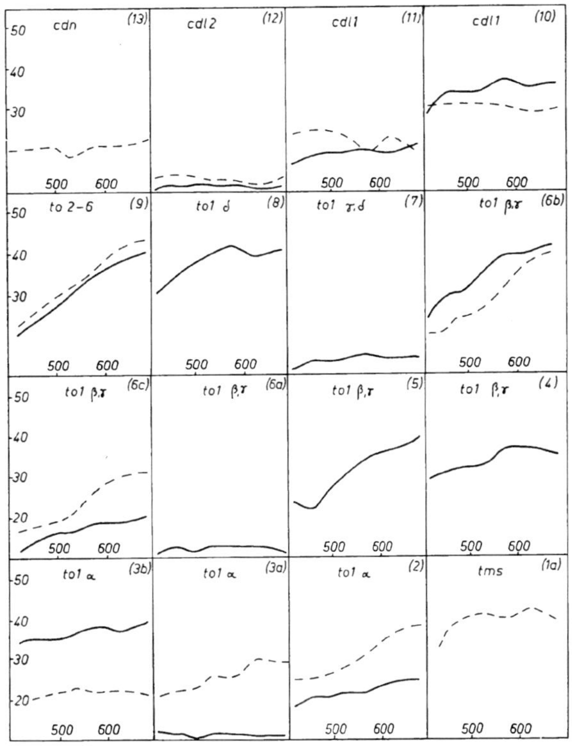

Abb. 3. Natürliche Remissionen in den für die einzelnen Profilabschnitte charakteristischen Rλ-Kurven

Ordinate: Remission R, Abszisse: Wellenlänge λ. Die Zahlen in der rechten oberen Ecke der Teilabbildungen entsprechen denen in Tab. 1 und 2. Durchgezogene Kurve: Bohrung 10, unterbrochene Kurve: Bohrung 11

nach Untersuchungen von H. BOTTKE belegt. Der Übersichtlichkeit halber ist das Profil der Bohrung 11 zerschnitten, damit die entsprechenden Stücke beider Bohrungen etwa nebeneinanderstehen. Die Meterskalen geben die Teufen an. In den Schichtsäulen am Rande sind die in Tab. 1 vorgenommenen petrographischen Gliederungen der Bohrprofile aufgeführt.

Abb. 2 enthält die natürliche Remission der übrigen Spektralbereiche von Orange (2) bis Blau (6) in der gleichen RP-Darstellung. Nur wurden die Nullgeraden der einzelnen Filterwerte gegeneinander versetzt, damit sich die Kurven nicht überschneiden. Die Lage der jeweiligen Nullgeraden ist am unteren Rand markiert. Alles andere entspricht dem Diagramm in Abb. 1. In Abb. 5 sind die natürlichen Fluoreszenzen in Abhängigkeit vom Profil aufgetragen, aufgegliedert nach sieben Wellenbereichen vom Rot bis zum Violett, und zwar die Werte entsprechend den Wellenbereichen beider Bohrungen jeweils nebeneinandergestellt.

In Abb. 3 ist R/λ dargestellt. Von den einzelnen Abschnitten der Profile wird die charakteristische spektrale Energieverteilung in der Funktion Remission/Wellenlänge als Kurve aufgezeichnet. Die Untergliederung der Abb. (z. B. 1a, 2) entspricht der Gliederung in Tab. 1 und in den Säulenprofilen. Die Kurven in Abb. 6 zeigen, wie sich in den Abschnitten des Profils die Fluoreszenz über das sichtbare Spektrum verteilt (Fl/λ-Darstellung). Die Darstellungsart entspricht der von Abb. 3.

Grundlagen der photometrischen Reaktionsanalyse

Bei dieser neuen Form der geochemischen Analyse benetzt man die Oberfläche des Gesteins mit einem spezifischen Reagenz, das mit bestimmten Bestandteilen des Gesteins — Elementen oder Verbindungen — ein farbiges Reaktionsprodukt erzeugt. Umfang und Intensität der Färbung werden danach im Remissionsphotometer quantitativ ermittelt. Der Beziehung zwischen Remissionswerten und Gehalten liegt eine von

Tab. 1. Bohrung Enkenberg 10

Nr.	Fazies	Teufe	Probe: Alter (nach Conodonten)
13.	–		
12.	Schwarze Kieselschiefer und Lydite	30,0	
11.	Alaunschiefer und blaue Tonschiefer, nach unten zunehmend mergelig	52,5	
10.	Grüne Tonschiefer	60,0	
9.	Rote, z. T. flaserige Kalke und Mergellagen	85,0	(60,5), (61,5), (62,0):to5-to6, (63,0), (65,5):to3β-to4, (71,6), (72,1), (74,0), (76,8): to 2β-to 3α, (72,0), (79,8), (81,5):to 1δ-to 2α
8.	Hellgraue dichte Kalke	90,0	(85,7):to 1δ, (88,0):to 1δ, (91,1):to 1δ
7.	Dunkler Flinzschiefer	91,9	(91,9):to 1δ
6.	c. Graue Kalkbreccien in grauer, toniger Matrix	95,0	(92,0), (93,2):to 1β/γ
	b. Rötliche Flaserkalke, z. T. brecciös in rötlicher Mergelmatrix	102,5	(95,8), (98,9), (101,7):to 1β/γ
	a. Graue Kalke, z. T. brecciös in dunkler Tonmatrix	112,0	(105,7), (112,0):to 1β/γ
5.	Graue, z. T. flaserige und brecciöse Kalke mit rostbraunen Tonlagen	135,0	(115,8), (121,0), (125,2), (133,5):to 1β/γ
4.	Dunkelgraue Kalke und grünliche Schalsteinbreccien	147,0	(145,2):to 1β/γ
3.	b. Heller Kalk	150,0	
	a. Schwarzer Flinzschiefer	156,5	(156,1):to 1α
2.	Dichte, graue Kalke, z. T. dolomitisiert und vererzt	178,7	(159,8), (162,4), (168,9), (173,4), (177,5):to 1α
1.	c. Dichtes Roteisenerz	183,0	
	b. Dichter grau-roter Kalk	185,1	(183,8):tmo

P. KUBELKA & F. MUNK-AUSSIG (1931) ermittelte Funktion zugrunde. Im Gültigkeitsbereich dieser Funktion wäre damit die Verteilung von Stoffen in geologischen Gesteinskörpern schnell ermittelbar.

In der Praxis besteht eine erste entscheidende Schwierigkeit in der wechselnden Eigenfarbe der Gesteine, da ein einheitlicher, stets gleichfarbiger Untergrund, der mit der Reaktionsfarbe in Kontrast steht, Vorbedingung für die quantitative Analyse einer Auflichtfarbe ist. Bei gleichstarker Reaktion ergeben sich über dunklem Gesteinsuntergrund andere Meßwerte als über hellem. Ein rötliches Reaktionsprodukt z. B. verschwindet auf einer rötlichen Gesteinsfarbe völlig. Um die Meßwerte verschiedener Gesteine vergleichbar zu machen, ist daher der Einfluß der Gesteinsfarbe zu eliminieren. Elimination durch Rechnung oder durch besondere Meßverfahren scheiden als zu umständlich und ungenau aus. Abdecken der Eigenfarbe durch Farblösungen wie Methylenblau, Kongorot, Malachitgrün usw. führt nur in Einzelfällen zu verwertbaren Ergebnissen. Meistens decken diese Lösungen für die empfindlichen Photometermessungen nicht stark genug, oft vermischt sich das flüssige Reaktionsprodukt mit der Deckfarbe und gibt undefinierbare Mischungen, oder das Reaktionsprodukt versickert in den Poren der Gesteinsoberfläche.

Die Versuchsergebnisse ließen schließlich eine Möglichkeit offen: Abdecken der Gesteinsoberfläche mit einem Speziallack bestimmter Eigenschaften. Dieser muß in wäßriger Lösung auf die Gesteinsoberfläche aufgetragen werden und nach dem Erhärten wasserfest und von so hoher Porosität sein, daß ein freier Stoffaustausch mit der Gesteinsoberfläche gegeben ist. Er muß dabei genügend pigmentiert sein, um die Farbe des Gesteins vollständig abzudecken. Schließlich darf der säure- und laugenfeste Lack keine Stoffe enthalten, die sich an den chemischen Reaktionen beteiligen könnten.

In gemeinsamen Arbeiten mit Herrn Dipl.-Chem. HENNIGE, Gießen, wurde ein Lack gefunden, der allen diesen Anforderungen entspricht. Er besteht aus einer grobdispersen Polyvenylacetat- und Polyvenylpropionat-Aufschwemmung im Wasser, die nach dem Trocknen zu einem beständigen, hochporösen Film auf der Gesteinsoberfläche erhärtet. Als Pigment werden wahlweise chemisch reinste Stoffe zugemischt, die selbst an den chemischen Reaktionen nicht teilnehmen (z. B. Titandioxyd chem. reinst) und einen gleichmäßigen kontrastreichen Untergrund ergeben.

Arbeitsvorgang: Der Lack wird auf die Gesteinsoberfläche aufgetragen und nach dem Antrocknen mit dem Reagenz benetzt. Dieses dringt durch die Poren des Lackes auf die Gesteinsoberfläche und reagiert dort mit dem zu analysierenden Stoff. Das Reaktionsprodukt wird durch Kapillarwirkung in den Porenräumen des Lackes angesogen und erscheint auf der reinweißen Lackoberfläche je nach Stärke der Reaktion in kleinerem oder größerem Umfang. Dieser Farbeffekt wird im Remissionsphotometer exakt eingemessen. Die Meßwerte stehen also in direkter Beziehung zur Stärke der Reaktion und damit auch in Abhängigkeit zu den Gehalten. In Diagrammen läßt sich dann die Verteilung von Elementen und Verbindungen in geologischen Profilen, Aufschlußflächen oder Gesteinskörpern darstellen.

Durchführung der Reaktionsanalyse in schwerlöslichen Gesteinen

Für die Reaktionsanalyse benötigt man eine die Meßöffnung des Photometers bedeckende ebene Fläche. Bei dem Zeiss-Elrepho genügt eine Kreisfläche von 50 mm Durchmesser. Handstücke werden zerschnitten — beide Hälften lassen sich dann zu verschiedenen Analysen verwenden — oder an einer Seite grob angeschliffen. Grob angeschliffene Meßflächen stellt man auch aus anstehendem Gestein her. Bohrkerne werden längs geschnitten oder quer in Scheiben geteilt. Bei Bohrkernen läßt sich bei genügend großem und gleichmäßigem Kerndurchmesser auch die konvexe Oberfläche verwenden, wenn man während der Messungen gewisse Vorsichtsmaßregeln beachtet. Die konvexe

Oberfläche wurde z. B. bei den Enkenberg-Bohrungen benutzt.

Man faßt 100—500 Proben zu einem Arbeitsgang zusammen und prüft diese auf einen Bestandteil. Auf diese Weise entfallen durch Trocknen des Lackes oder Neuanfertigung der Reagenzlösungen bedingte Pausen. Probenserien in dieser Größenordnung können in der Zeit von 1—2 Tagen bewältigt werden. Will man danach auf weitere Bestandteile prüfen, so wird die Lackschicht abgeschliffen und die Gesteinsoberfläche gereinigt. Bei Bohrkernen kann man eine benachbarte Stelle benutzen.

Spezielle Überlegungen gelten der Wahl der Reagenzien, besonders bei schwerlöslichen Gesteinen. Es gibt Reagenzien, die auch auf silikatisch gebundene Elemente ansprechen, z. B. das Eisenreagenz $\alpha\alpha'$-Dipyridil. Andere verlangen einen vorherigen Aufschluß. Die Wahl der Reagenzien hängt weiterhin davon ab, welche störenden Bestandteile in den Gesteinsproben zu erwarten sind.

Für die Wahl der Verfahrensweise ist wichtig, ob sich die Reagenzien mit der flüssigen Lacksuspension vertragen oder nicht. Lassen sich Lack und Reagenz homogen mischen, bedient man sich des „kombinierten Lackreagenz-Verfahrens". Hierbei werden Lack und Reagenz in standardisiertem Verhältnis gemischt und in festliegenden Schichtdicken mit entsprechenden Filmaufzuggeräten auf die Gesteinsoberfläche aufgetragen. So erhält jede Flächeneinheit des Gesteins die gleiche Menge Reagenz und Lack zuerteilt. Dieses kombinierte Lackreagenz-Verfahren ist besonders schnell und bequem zu handhaben. Oft setzt sich die Analyse aus mehreren Arbeitsgängen zusammen. Silikatische Gesteine müssen vorher aufgeschlossen werden, vor manchen Reaktionen muß angesäuert, alkalisch gemacht oder gepuffert werden usw. In solchen Fällen führt das „kombinierte Lackreagenz-Verfahren in mehreren Arbeitsgängen" besser zum Ziel. Bei silikatischen Gesteinen wird z. B. die Probenserie oft zunächst mit einem „aufschließenden Lack", der Flußsäure enthält, überzogen. Nach dem Antrocknen folgt die nächste Lackschicht mit dem eigentlichen Reagenz. So kann man nötigenfalls mehrere Schichten entsprechend der Analysenvorschrift übereinander auftragen. Die hohe Porosität des Lackes gewährleistet auch dann noch eine ausreichende Diffusion.

Reagenzien, die sich mit dem flüssigen Lack nicht vertragen, müssen gesondert auf den erhärteten Lackfilm aufgetragen werden. Nach Erfahrungen des Verf. läßt sich der flüssige Lack mit vielen Säuren und Laugen bis zu bestimmten Konzentrationen mischen und über Stunden aufbewahren, ohne daß es zu Flockungen kommt. Der erhärtete Lackfilm verträgt sogar konzentrierte Säuren und Laugen. Um nun bei diesem getrennten Lackreagenz-Verfahren auf die Flächeneinheit die gleiche Menge Reagenz zu verteilen, bedient man sich einer Milliliterpipette oder dickt das Reagenz in feststehendem Verhältnis mit Gelatine ein. Beim Eindicken mit Gelatine wird zunächst eine Schicht Gelatinereagenz, dann eine Schicht Lack aufgetragen. Das Reaktionsprodukt erscheint in diesem Fall langsamer auf der Lackhaut. Die Reaktionsgeschwindigkeit ist überhaupt unterschiedlich. Reaktionen, für die eine Behandlung in der Hitze vorgeschrieben ist, führt man besser unter 60 °C durch, da der Lack beim Erhitzen leicht vergilbt. Man wartet dann bis zur Messung eine Nacht ab, damit sich die Reaktionsfarbe voll entwickeln kann. Dabei genügt es häufig, das Reagenz ohne strenge Dosierung auf den Lack aufzusprühen. Die Reaktion bleibt doch annähernd quantitativ, da überschüssiges Reagenz verdunstet oder in den Poren des Gesteins versickert.

Ob ein Reagenz oder ein Analysengang geeignet ist, ermittelt man in Zweifelsfällen durch Vorproben. Bei

Tab. 2. Bohrung Enkenberg 11

Nr.	Fazies	Teufe	Probe: Alter (nach Conodonten)
13.	Kieselkalk, z. T. gebändert	11,5	
12.	Schwarze Kieselschiefer und Lydite	38,0	
11.	Alaunschiefer und blaue Tonschiefer, nach unten zunehmend mergelig	65,0	(64,0):cu IIα
10.	Graue Ton- und Kalkmergelschiefer	71,2	
9.	b. Dunkelgrauer Kalkknotenschiefer	81,5	(73,0):cu IIα, (74,5), (78,5), (78,5):to 5—6, (81,0):to 5
	a. Rote, z. T. flaserige Kalke mit braunen Mergellagen	97,5	(82,0), (84,0), (85,0):to 2β-to 3α, (87,2), (88,0), (89,0):to 1δ-to 2α, (93,0), (94,0):to 1δ
8.			
7.			
6.	c. Grauroter Kalkmergel	103,0	(99,2):to 1δ, (102,0):to 1β/γ
	b. Rötliche Flaserkalke, z. T. brecciös in rötlichem Tonmergel	117,2	(105,0), (106,0), (107,0), (110,0), (113,0), (116,0):to 1β/γ
5.			
4.			
3.	Dunkler Flinzkalk	129,0	(118,0), (122,0), (128,5):to 1α
2.	Dichte Kalke, z. T. metasomatisch vererzt und dolomitisiert	144,9	(137,0):to 1α, (142,0):to 1α
1.	c. Dichtes Roteisenerz	148,0	
	b. Dichter dolomitisierter Kalk	150,0	
	a. Geschichteter Schalstein	158,5	

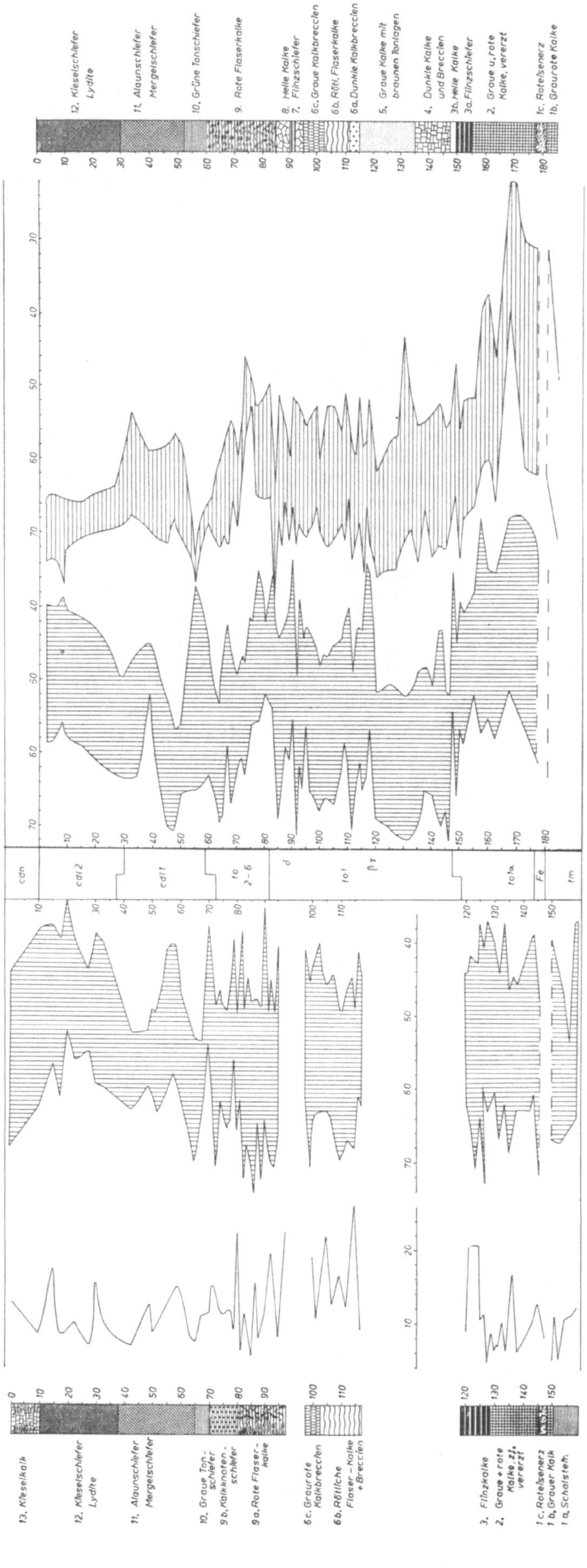

Abb. 4. RrP-Kurven der Bohrungen Enkenberg 10 (rechts) und 11 (links)

Vertikal schraffiert: Remission der Fe-Reaktion auf αα'-Dipyridil über Titandioxyd-Lackfilm, mit den Linien für Rot (680 nm) und Violett (430 nm). Stärke der Reaktion nimmt nach rechts zu, da Remission reziprok aufgetragen.

Horizontal schraffiert: Reaktionskurve auf säureverbrauchende Bestandteile (Oxyde, Karbonate) mit Nickel-Dimethylglyoxim-Gleichgewichtslösung. Kurven für 680 nm und 430 nm, Aufzeichnung wie bei Fe-Kurven. Stärke Einzelkurve links: Reaktion auf Mg mit Chinalizarin. Remission bei 680 nm, Reaktion wächst nach links.

silikatischen Bestandteilen bedient man sich eines mit einer klaren Kunststoffolie überzogenen Objektträgers. Auf diesen trägt man eine Schicht flußsaurer Lackreagenz-Suspension ohne Pigment auf und streut darüber die zerkleinerte Gesteinsprobe. Die Mineralkörper werden von der Flußsäure oberflächig angeätzt und bilden, falls sie auf das Reagenz ansprechen, im Lack einen farbigen Reaktionshof aus. Nun kontrolliert man unter dem Mikroskop, welche Mineralien reagiert haben und welche nicht. Die Vorprobe läßt sich in analoger Weise auch in mehreren Arbeitsgängen durchführen.

Auswertung und Genauigkeit der Reaktionsanalysen

Die Reproduziergenauigkeit der Remissionswerte ist bei standardisierter Arbeitsweise sehr hoch. Bei wiederholten Analysen an Fläche und Gegenfläche eines Gesteinsschnittes differierten die Meßwerte um ± 1% Remission, bezogen auf Remission MgO = 100%. Bezogen auf die Gehalte ist dieser Fehler nicht groß, da die meisten organischen Reagenzien bereits auf winzige Spuren mit einer sichtbaren Färbung reagieren, die in der Remissionsmessung auf Beträge von 10—30% R gegen MgO übersetzt werden. Das Verfahren erscheint also für Spurennachweise besonders geeignet. Zur Analyse höherer Gehalte muß man gegebenenfalls zu einem weniger empfindlichen Reagenz greifen.

Besonders zu beachten ist, daß man als Ergebnis Meßwerte in Remissionsprozent und nicht in Gehaltsprozent erhält. Zwischen beiden besteht theoretisch die von P. KUBELKA & F. MUNK-AUSSIG (1931) nachgewiesene funktionelle Beziehung. Bei Gesteinen ist diese Funktion aber häufig durch Besonderheiten gestört, wie quantitativ chemische Testanalysen am gleichen Gestein beweisen. Aus den Ergebnissen der Testanalysen sind Eichkurven zu entwickeln, die das Verhältnis Remissionsprozent zu Gehaltsprozent und die Genauigkeit dieser Beziehung für das vorliegende Gestein zeigen.

In sehr vielen Fällen kommt man in der Geologie mit den Relativangaben in Remissionsprozent aus, z. B., wenn die Verteilung von Stoffen in Profilen ähnlich wie die von Schwermineralen stratigraphisch ausgewertet werden soll, weiterhin zur Klärung genetischer Fragen, zur Aufdeckung eines verborgenen Schichtgefüges, bei der Konstruktion von „Reaktionsgleichen" in geologischen Körpern, d. h. Isolinien gleicher Reaktion in und um Lagerstättenkörpern, oder bei Spuren nachweisen. Alle genannten Möglichkeiten sind bereits an Beispielen erprobt worden.

Wenn die Umrechnung in die Gehalte erwünscht ist, wird man mindestens mit Genauigkeiten rechnen können, die einer halbquantitativen bis angenähert quantitativen geochemischen Analyse entsprechen. Die Genauigkeit hängt von den Einflüssen ab, die die Beziehung Remission zu Gehalt stören. Diese liegen nach Art und Höhe von Fall zu Fall verschieden. Dem Einfluß wechselnder Porositäten und Texturen kann man durch Aufmahlen der Proben begegnen. Die Reaktionen führt man dann an Pulverpreßlingen durch. Für exakte quantitative Angaben ist daneben noch Voraussetzung, daß der zu analysierende Stoff in möglichst einheitlicher Form (z. B. Bindungsform) vorliegt und daß keine die Reaktion beeinflussenden Begleitstoffe zu erwarten sind. Diese Bedingungen sind wohl nur bei petrographisch-chemisch einheitlichen Gesteinen erfüllt, wie im Steinsalz, in Süßwasserquarziten oder bei reinen Kalklagerstätten.

Eine weitere bereits erprobte, aber in dieser Arbeit noch nicht behandelte Variante des Verfahrens läßt den Kluft- und Porenraum auf dem Lackfilm farbig sichtbar werden und führt so zu Remissionswerten, die sich auf das Hohlraumvolumen des Gesteins beziehen.

Darstellung der Meßwerte

Die Reaktionskurven in Abb. 4 bezeichnen den ersten Versuch an Silikatgesteinen. Entsprechend dem an Salzen erprobten Verfahren wurde ein Kunstharz-Titandioxyd-Lackfilm verwendet. Die Reaktionen traten meist augenblicklich nach der Behandlung ein, und bereits mit dem bloßen Auge waren bei verschiedener petrofazieller Ausbildung der Kernproben deutliche Farbunterschiede zu erkennen. Die Umrechnung der Ergebnisse zu Gehaltskurven ist nicht möglich, da ausreichende chemische Testanalysen noch nicht vorliegen und damit Angaben über die Genauigkeit des Verfahrens bei polymineralischen Stoffen fehlen. Zur Reaktion auf Fe hat sich die Lösung von αα'-Dipyridil in Thioglykolsäure und Salzsäure wieder gut bewährt. Die Gesteine wurden in keiner Weise vorbehandelt, und dennoch erfolgte die Reaktion augenblicklich und spezifisch, so daß die Gesteinstexturen vom Reaktionsprodukt auf dem Lackfilm deutlich nachgezeichnet wurden. Die Grenzlinien des Kurvenbandes in Abb. 6 kennzeichnen die Remissionen des Reaktionsproduktes für Violett (links) und Rot (rechts).

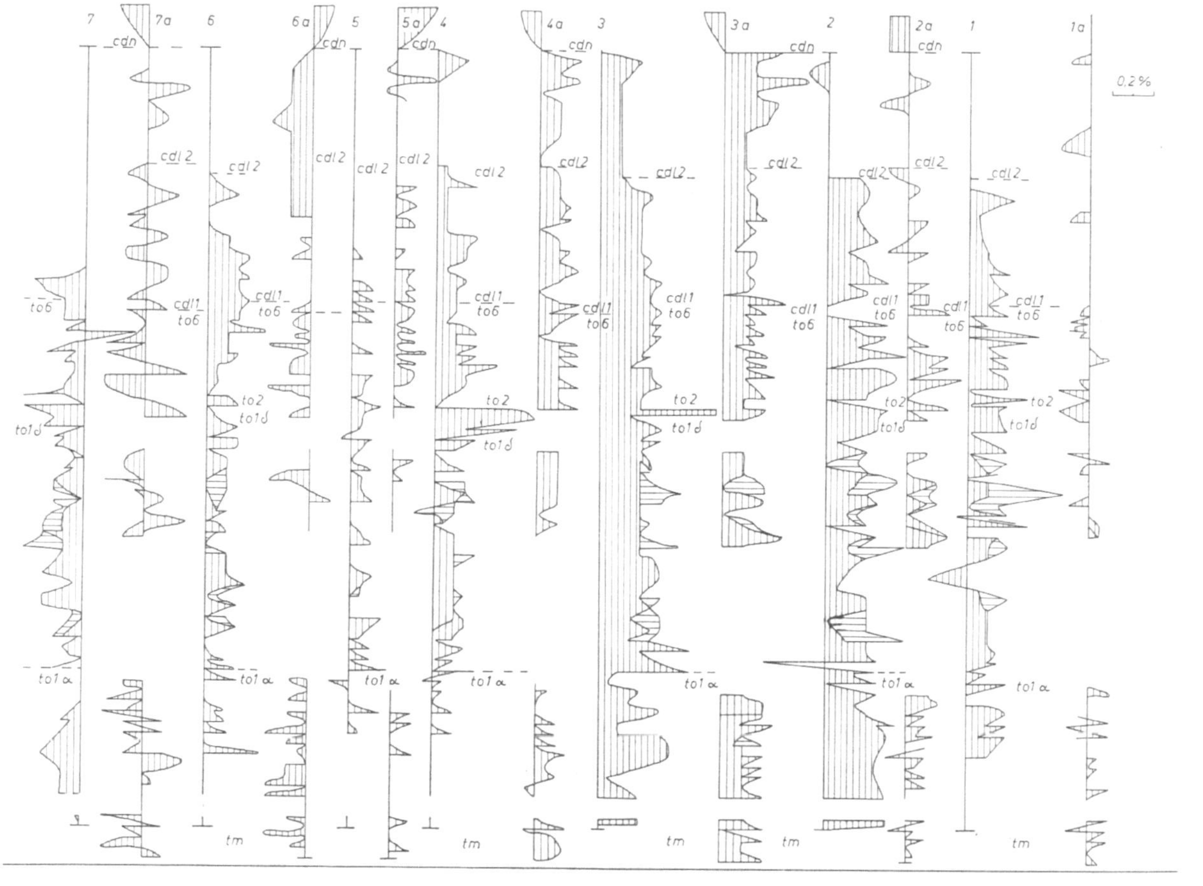

Abb. 5. Natürliche Fluoreszenzen in FIP-Darstellung, jeweils bezogen auf Meßwert Null

Ordinate: Profil, Abszisse: relative Fluoreszenzen bei 430 nm (1, 1a), 470 nm (2, 2a), 500 nm (3, 3a), 540 nm (4, 4a), 580 nm (5, 5a), 620 nm (6, 6a) 680 nm (7, 7a). Kolonne 1–7 betrifft Bohrung 10, Kolonne 1a–7a betrifft Bohrung 11.

Bei dieser Darstellung wird die Stärke der Reaktion durch die Breite des Kurvenbandes und ihre Lage im Diagramm angezeigt. Verbreiterung und Abweichung nach rechts bedeutet im allgemeinen wachsende Stärke der Reaktion. Welches von den beiden Merkmalen jeweils besser mit den Gehalten übereinstimmt, hängt von den Versuchsbedingungen und vom jeweiligen Untersuchungsmaterial ab und läßt sich durch Testversuche ermitteln. Von Fall zu Fall können natürlich auch andere Bereiche des Spektrums zur Darstellung der Verhältnisse zweckmäßiger sein.

An den Kernen aus Bohrung 10 wurde die Reaktionsanalyse noch mit Nickeldimethylglyoxim-Gleichgewichtslösung durchgeführt (Abb. 6). Diese Reaktion ist als Maß für die Anwesenheit von Verbindungen anzusehen, die Säuren verbrauchen. Im vorliegenden Fall kommen besonders Karbonate und Metalloxyde und -hydroxyde, besonders die des Eisens, in Frage, untergeordnet auch Salze schwacher organischer Säuren, wie Humate und organische Basen.

Nach F. FEIGL (1960) stellt man die Lösung aus Nickelsulfat und Dimethylglyoxim in Alkohol frisch her. Beim Mischen dieser Stoffe wird nur ein Teil des Nickels ausgefällt, ein anderer Teil bleibt im klaren Filtrat; denn die Fällung zu rotem Nickeldimethylglyoxim erfolgt aus Nickelsalzen starker Säuren nur unvollständig. Kommt diese Gleichgewichtslösung aber nun mit säureverbrauchenden Stoffen in Kontakt, z. B. oxydischen oder karbonatischen Gesteinen, säureempfindlichen Silikaten, so wird im Verhältnis zum Säureverbrauch Nickeldimethylglyoxim ausgefällt, das durch seine intensive rote Farbe schon in Spuren erkennbar ist. Die hieraus ermittelten Remissionen der Reaktionsfarbe für Violett (links) und Rot (rechts) sind im Kurvenband Abb. 6 aufgetragen.

Für Bohrung 11 wurde die Reaktion mit Chinalizarin auf Magnesium erprobt (F. FEIGL 1960). Im alkalischen Medium bildet sich ein blauer Chinalizarin-Magnesium-Lack, der als Adsorptionsverbindung aufgefaßt wird. Ohne Reaktion bleibt der Farbstoff violett und zersetzt sich nach einiger Zeit, während die Mg-Adsorptionsfarbe beständig bleibt. Die Blaufärbung ist in Abb. 1 durch die Remission im Rot (680 nm) dargestellt, die je nach Stärke der Reaktion erniedrigt wird. Die Kurve strebt also, da die Teilung nicht reziprok aufgetragen ist, mit steigender Reaktion nach links. Wie die quantitativen Aussagen dieses Mg-Versuches zu bewerten sind, steht offen. Entscheidende Störungen durch andere Stoffe sind im vorliegenden Profil kaum zu erwarten. Sie betreffen Ammonium-, Lanthan- und Berylliumsalze und relativ seltene Elemente wie Nd, Pr, Ce, La, Zr, Th. Die Reaktion ist sehr empfindlich. Fraglich ist aber, inwieweit das Mg in schwer angreifbaren Verbindungen, z. B. im Dolomit oder in Silikaten, erfaßt wird.

Analyse der natürlichen Remission in den Enkenberg-Profilen

Die RP-Kurven der Abb. 1 und 2 ähneln auf den ersten Blick etwas den geoelektrischen Bohrlochmeßkurven. Die Remissionsmessung geht aber von den Bohrkernen aus, ihre Meßwerte sollen die normale Kernbeschreibung erweitern und vertiefen. Allerdings liegen bei der Deutung der Meßkurven in polymineralischer Silikatfazies bisher so gut wie keine Erfahrungen vor. In diesem Sinne muß die vorliegende Arbeit als Versuch bewertet werden, bei dem noch manche Frage offenbleibt.

Die Grundregeln zur Übersetzung der Kurvenbänder in das menschliche Farbempfinden sind einfach:

Je schmaler das Kurvenband ist, um so farbloser (schwarz, grau, weiß) erscheint das Gestein. Je breiter dagegen das Kurvenband ist, um so farbiger, im vorliegenden Fall um so rotfarbiger, erscheint das Gestein. Je weiter das Kurvenband nach links ausschlägt, um so dunkler, je weiter es nach rechts ausschlägt, um so heller erscheinen die Gesteinsproben.

Die Darstellung in Abb. 1 dient in erster Linie als Hilfsmittel zur feinstratigraphischen Orientierung. Es sind hierbei die stratigraphischen Schwierigkeiten zu nennen die bei der Gliederung eintöniger Schichtfolgen, in denen man makroskopisch kaum petrographische Unterschiede erkennt, und bei der Gliederung und Korrelation von Schichten in Gebieten mit engräumigem schnellem Fazieswechsel auftreten.

Beide Fälle liegen in den untersuchten Bohrprofilen vor. Die Kiesel- und Alaunschiefer des Kulm — eine eintönige Folge von Pyritschiefern, Alaunschiefern, Lyditen und Kieselkalkbänken, deren lithologische Feingliederung bisher oft Schwierigkeiten machte — lassen in den Meßkurven beider Profile (Abb. 1) charakteristische Horizonte und übereinstimmende Tendenzen erkennen. Scharf hebt sich wahrscheinlich schon durch höhere Remission der hangende Kieselkalk in Bohrung 11 ab. In beiden Bohrungen steigt dann zum Oberdevon das Kurvenband in nahezu gleichem Winkel und in fast übereinstimmenden Meßwerten gleichmäßig an, eine Eigenart, die sich auch bei genauester Kernbeschreibung ohne diese Messung nicht erfassen ließe. In diesem Kurvenbild prägt sich wohl vor allem der nach unten abnehmende Gehalt an Schwefeleisen und aromatisch gebundenem Bitumen und die Zunahme des Kalkgehaltes in der Fazies aus. Darüber hinaus lassen sich in beiden Profilen bestimmte Horizonte anomaler Remission erkennen und verbinden. Die relativ großen Probenabstände im Kulm haben die Vergleichbarkeit der Kurven offenbar nicht entscheidend beeinflußt. Die (in Bohrung 11 durch Conodonten gesicherte) Unterkante des Kulm ist in beiden Bohrungen merkwürdigerweise sehr scharf markiert, hier beenden die Kurvenbänder ihre gleichmäßig steigende Tendenz und knicken scharf nach links ab.

Die dem Oberdevon zugehörigen Profilabschnitte sind durch einen engräumigen Fazieswechsel gekennzeichnet. Obwohl der Bohrlochabstand nur wenige hundert Meter beträgt, sind die Profilabschnitte durch Vergleich der Kerne allein nicht eindeutig zu korrelieren. Auch die Darstellung in Abb. 1 führt nicht zu eindeutigen Ergebnissen, man muß die Aussagen der übrigen Wellenbereiche hinzuziehen (Abb. 2). In Abb. 2 erkennt man, daß für die gleichen Abschnitte beider Profile ähnliche charakteristische Kurvenbilder auftreten. Das bedeutet aber, daß bestimmte spektrale Eigenschaften der Schichten über den räumlichen Fazieswechsel hinweg sich noch in den Meßkurven abbilden, wenn das Auge zwischen den petrofaziellen Eigenschaften schon keine Zusammenhänge mehr wahrnimmt. Diese Erscheinung ist z. B. von Kohlenflözen und Kalilagern bereits bekannt und wird an diesen beiden Profilen wieder bestätigt. Die Zusammenhänge lassen sich teilweise sogar in den Schichten noch erkennen, die durch Metasomatose sekundär verändert worden sind.

Nachdem man also bereits feinstratigraphisch mit den Kurven zu arbeiten versteht, ohne deren Sinn im einzelnen zu kennen, ergibt sich jetzt die Frage, welche petrofaziellen Eigenschaften sich in den Meßwerten ausdrücken. Hinweise darüber gibt Abb. 3 mit der für jeden Profilabschnitt charakteristischen Kurve in Rλ-Dar-

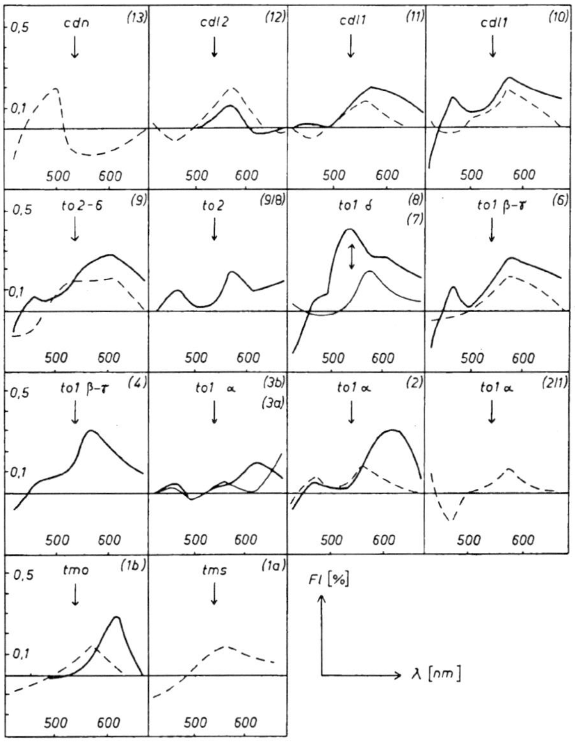

Abb. 6. Natürliche Fluoreszenzen in Fl-Darstellung der für die Profilabschnitte charakteristischen Kurven

Ordinate: relative Fluoreszenz, Abszisse: Wellenlänge. Die Zahlen in den Ecken rechts oben entsprechen denen von Tab. 1. Die Pfeile weisen jeweils auf den Wert bei 540 nm. Durchgezogene Kurven: Bohrung 10, unterbrochen gezeichnete Kurven: Bohrung 11

stellung. Dabei ist zu betonen, daß die Deutung der Kurven nach ihren stofflichen Ursachen noch in den Anfängen steht. Die Zahl der Faktoren, die das Remissionsverhalten in komplex zusammengesetzten Gesteinen beeinflussen können, ist groß. Die Einzelbestandteile, manche oft erst durch spätere Umbildungen entstanden, daneben auch Texturen, Porositäten usw. können eine Rolle spielen. Winzige Akzessorien haben oft große Wirkung. Meist ist es möglich, mit der Reaktionsmethode die wichtigen Einflüsse nach Art und Größe zu identifizieren. Man bringt durch spezifische Reagenzien über dem Speziallackfilm alle möglicherweise beteiligten Bestandteile zur sichtbaren Reaktion und vergleicht die RP-Kurvenbänder mit denen der natürlichen Remission. In den meisten Fällen kommt nur ein begrenzter Kreis von Stoffen, z. B. Eisen, Bitumen, Mangan, als Träger der Remissionseigenschaften in Frage.

Für die vorliegenden Profile läßt sich über den Einfluß des Eisens, des Bitumens und des Kalkgehalts folgendes aussagen: Je reiner die Kalke, um so höher liegen die Meßwerte und um so weniger ist die Kurve nach irgendeiner Richtung geneigt (Abb. 3, Bild 3b). Kurven schwach eisenschüssiger Kalke fallen gleichmäßig zum kürzerwelligen Bereich ein (Abb. 3, Bild 9). Steigender Bitumengehalt erniedrigt die Remission über den ganzen Bereich, nur die Werte im Violett (420 nm) werden oft relativ etwas angehoben (Bild 5). Pyritschiefer und ähnliche an Bitumen und Schwefeleisen reiche Gesteine ergeben meist eine fast horizontale, nur zum Violett etwas angehobene, sehr tief gelegene Kurve (Bild 3a, durchgezogene Linie). Dreiwertiges Eisen läßt die Kurve in den kürzerwelligen Bereich mehr oder weniger gleichmäßig absinken (Bild 9), bei höheren Anteilen von Eisenhydroxyd fällt die Kurve meist erst links vom Gelb-Bereich ab (Bild 6). Verbindungen von zweiwertigem Eisen in höheren Anteilwerten verursachen oft links vom Gelb-Bereich einen Kurvengipfel (Bild 1a, 10).

Aussagen der Reaktionskurven in den Enkenberg-Profilen

Die Fe-Reaktionskurven (Abb. 4, vertikal schraffiert) ähneln sich in beiden Bohrungen in einer Weise, daß man sie zur Feinstratigraphie heranziehen kann. Die Grenze vom Kulm-Kieselkalk zum Kulm-Kieselschiefer ist durch eine sprunghafte Zunahme der Fe-Reaktion gekennzeichnet. Im Kieselschiefer nimmt die Fe-Reaktion dann mit den Eisensulfidgehalten in zwei Rhythmen ab und wieder zu, und zwar jeweils in Horizonten beider Bohrungen, die einander entsprechen dürften.

Die Grenze zum Oberdevon ist in beiden Bohrungen durch einen Sprung der Kurven nach links gekennzeichnet, was also wieder einen Verlust an Reaktionskraft bedeutet. Analog der Differenzierung der petrofaziellen Eigenschaften im to 2—6 werden sich die Kurven in diesem Teil unähnlicher. In beiden Profilen steigt aber die Fe-Reaktion nach unten wieder an, entsprechend den wachsenden Anteilen an fein verteiltem Hämatit. Eine scharfe Grenze ist im to 1β/γ ausgebildet, eine weitere an der Oberkante des to 1α (Profil 10). Die höchsten Werte werden in den metasomatisch durch Hämatit vererzten Nachbarschichten des Roteisensteinlagers, in einer Zone von ca. 20 m Mächtigkeit erreicht. Vom Lager selbst standen keine Proben zur Verfügung, jedoch die Analysenwerte von H. BOTTKE:

Bohrung 10: 41,51% Fe, 13,44% CaO, 7,44% SiO_2
Bohrung 11: 30,02% Fe, 15,81% CaO, 5,22% SiO_2

Demgemäß ist der Fe-Gehalt des Lagers in Bohrung 11 etwa um ein Viertel geringer als in Bohrung 10. Interessanterweise liegt die Reaktionskurve in den Nachbarschichten der Bohrung 11 um ähnliche Beträge gegenüber der von Bohrung 10 niedriger. Diese Erscheinung läßt sich vielleicht aus den Analysenwerten erklären, wenn man annimmt, daß eine spätere metasomatische Vererzung, die, von den primären, exhalativ-sedimentären Hämatiterzen des Roteisensteinlagers ausgehend, vor allem die Hangendschichten des Lagerhorizontes ergriffen hat und in ihrer Intensität variiert, von dem primären Fe-Gehalt des Lagers abhängig ist. Zur Übertragung der Reaktionskurven in die Gehaltskurven kann aber noch nichts Verbindliches gesagt werden, solange nicht genügend Testanalysen vorliegen. Eine Unsicherheit liegt in der Erfassung silikatisch gebundenen Eisens. Es ist zwar nachgewiesen, daß das Reagenz αα'-Dipyridil auch auf Eisen in silikatischer Bindung ohne vorherigen Flußsäureaufschluß anspricht; ob die Reaktion aber quantitativ in dem Maße erfolgt wie in den leichter reagierenden Verbindungen, muß noch geklärt werden.

Die Reaktionskurve auf säureverbrauchende Verbindungen (Abb. 4, rechts, horizontal schraffiert) zeichnet in ihrem Verlauf ebenfalls den petrographischen Aufbau des Bohrprofils nach. In den Kiesel- und Alaunschiefern des Kulm bleiben die Werte infolge der geringen Gehalte an Karbonaten und Oxyden niedrig, steigen dann aber im to 2—6 mit wachsendem Kalkgehalt und Gehalt an Eisenoxyden steil an. Darunter läuft die Kurve dann im großen und ganzen mit der Fe-Reaktionskurve parallel, da das Eisen hier vorwiegend in oxydischer oder hydroxydischer, also in reaktionsfähiger Bindung vorliegt. Allerdings treten mehrere Abweichungen auf, da in die vorliegende Reaktionskurve neben den Metalloxyden auch der Einfluß des Karbonatgehaltes eingeht. In Nähe des Lagers wächst die Reaktion auf mehr als das Doppelte des Durchschnittswertes, was nur mit der metasomatischen Vererzung dieses Profilteiles durch Hämatit erklärbar ist.

Die Reaktionskurve auf Mg (ganz links) muß man reziprok betrachten, die Reaktion nimmt nach links zu. Nach der Reaktionskurve liegen die Mg-Gehalte in den oberdevonischen Kalken niedrig und steigen nach dem Hangenden mit der Kulm-Schieferfazies an. Sehr hohe Werte werden für den Bereich des Roteisensteinlagers in den vererzten Randpartien angezeigt. Jedoch ist noch unbekannt, inwieweit der im Dolomit getarnte Mg-Anteil mit dieser Methode erfaßt wird. Im allgemeinen wird heute als Reagenz auf Mg in Gesteinen Diphenylcarbazid vorgezogen.

Aussagen der natürlichen Fluoreszenz in den Enkenberg-Profilen

Die von H. D. PFLUG (1962) für die Werra-Salze gegebenen Hinweise über Methoden und Beurteilung der Meßwerte gelten auch für die hier untersuchten Proben. Abb. 5 zeigt die Fluoreszenzen beider Profile, aufgeschlüsselt nach Wellenbereichen, wobei die Kolonnen gleicher Wellenbereiche für die beiden Bohrungen jeweils nebeneinandergesetzt sind. In Abb. 6 wurden die Fluoreszenz/λ-Kurven der einzelnen Profilabschnitte aufgezeichnet.

In Abb. 5 ist unschwer in jeder Kolonne eine Gliederung in mehrere Abschnitte erkennbar, die in den meisten Fällen mit der stratigraphischen oder petrographischen Gliederung übereinstimmt (besonders auffällig im Kulm, gilt aber auch für das Devon). Die faziellen und stratigraphischen Grenzen selbst sind häufig durch Anomalien markiert. Das gilt besonders für die Grenze to 2/to 1 und die Oberkante des to 1α. Eine ganz eigenartige Fluoreszenz hat der Kulm-Kieselkalk. Im Kulm-Kieselschiefer und -Alaunschiefer sind deutlich ein hangender Abschnitt geringer und ein liegender Abschnitt kräftiger Fluoreszenz zu unterscheiden. Sehr hohe Werte liegen im allgemeinen in den hellen und rötlichen Flaserkalken des Oberdevons vor, während im to 1α und im Oberen Givet die Fluoreszenzen zurückgehen.

Die spektrale Energieverteilung des Fluoreszenzlichtes zeigt einige Besonderheiten. Im Rot und Orange (Kolonne 1, 2) sind vier Hauptabschnitte erkennbar. Eine Grenze teilt innerhalb der Kulm-Alaunschiefer einen Abschnitt geringerer Fluoreszenz von einem solchen höherer Fluoreszenz. An der Kulm-Devon-Grenze ist ein Minimum entwickelt, unterhalb dessen die Kurve zum Maximum ansteigt. Ein weiteres Minimum läßt sich stratigraphisch nicht genau lokalisieren, es liegt im to 1β/γ. Ein drittes kennzeichnet die Obergrenze des to 1α. Die Kolonnen 3, 4 (Gelb, Gelbgrün) wechseln an der Grenze Kulm-Kieselkalk zum Kulm-Kieselschiefer von sehr niedrigen auf sehr hohe Werte. Sie bilden eine Stufe an der Grenze cdl 2/cdl 1 und lassen die Grenze Kulm/Devon nicht so deutlich erkennen. Dafür aber treten sie um so schärfer mit einem Maximum an der Grenze to 2/to 1 auf. Im kürzerwelligen Bereich (5—7) finden sich Anomalien an den Grenzen cdn/cdl, to 2/to 1 und to 1α/to 1β. Das Mitteldevon ist zu geringmächtig erbohrt, um Sicheres aussagen zu können.

Neben diesen Großrhythmen prägen sich in kürzeren Kurvenschwingungen Kleinrhythmen aus. Häufig spiegelt sich in ihnen der Wechsel bitumenreicher und -armer Schichten wider. In Schichten mit viel Pyrobitumen wird die Fluoreszenz des längerwelligen Bereiches vermindert, die des Violett heraufgesetzt. Obwohl diese Gliederung in ähnlicher Intensität in beiden Bohrungen auftritt, hat doch jedes Bohrprofil seine eigene Fluoreszenz-Charakteristik, wie sich in Abb. 6 erkennen läßt. Im Kulm stimmen beide Kurven noch einigermaßen überein. Allerdings macht sich nach unten bereits eine Differenzierung bemerkbar, indem in der Bohrung 10 im Blau zunehmend ein Maximum entwickelt ist und Bohrung 11 hier ein Minimum behält. Dieser Gegensatz findet sich im Oberdevon einschließlich der Adorf-Stufe häufig. Blau-Maximum und Violett-Minimum sind bezeichnend für bitumenreiche Gesteine, ein Minimum im Blau ist auch häufig bei hellen Kalken anzutreffen. Bohrung 10 fluoresziert ganz allgemein stärker im Rot, Orange und Gelb (680—580 nm), diese Werte zeigen Beziehungen zur Fe-Reaktionskurve. Auch die Fluoreszenz im Gelbgrün liegt in dieser Bohrung meist höher. Maximalwerte bezeichnen helle reine Kalke.

Wenn auch über die stofflichen Träger der Fluoreszenz in den Profilen nichts Genaues bekannt ist, läßt sich doch erkennen, daß die Kurven in erster Linie faziesbeeinflußt sind. Rote Kalke fluoreszieren besonders stark im längerwelligen Bereich mit einem Maximum im Orange (620 nm), hinzu kommt ein niedrigerer Gipfel im Blau (460 nm). Eisenarme Kalke, Mergel und Tone haben oft ein Gelb-Maximum. Schwarze bitumenreiche Tonschiefer fluoreszieren im längerwelligen Bereich nur wenig, im Violett stärker, während das Blau-Maximum meist verschwindet.

Der Wandel der Fluoreszenz-Charakteristik in den Großabschnitten ist genetisch noch nicht deutbar. Vielleicht folgen die Anomalien an den stratigraphischen Grenzen Faziesumbrüchen oder Sedimentationspausen; denn auch die Remissionskurven erscheinen in diesen Schichten gestört. Zwischen Remission und Fluoreszenz erkennt man häufig Zusammenhänge.

Zusammenfassung

Zwei Bohrungen am Enkenberg bei Beringhausen, Kreis Brilon, mit Schichten des Mitteldevon, Oberdevon und Kulm wurden photometrisch und fluorimetrisch untersucht. In den Meßkurven der natürlichen Remission spiegelte sich die Faziesentwicklung wider. Die Kurven lassen sich für die Feinstratigraphie auswerten, da oftmals die spektralen Eigenschaften einer Schicht über petrofazielle Änderungen hinweg erhalten bleiben. In petrographisch schwer gliederbaren Schichtfolgen zeichnen die Photometerwerte meist noch ein kontrastreiches Kurvenbild, wenn makroskopisch kaum eine Gliederung erkennbar ist.

Unter den stofflichen Trägern der natürlichen Remission wurden das Eisen in seinen verschiedenen Bindungen und das aromatisch gebundene Bitumen als wesentlich erkannt, andere Einflüsse, die mit den Redox- und Aziditäts-Verhältnissen der Fazies zusammenhängen dürften, sind noch nicht genau identifiziert.

Empfindlicher von der Petrofazies abhängig als die natürliche Remission ist wahrscheinlich die Fluoreszenz. Sie reagiert schon auf kleinste Faziesänderungen. Metasomatische Verdrängungen haben in den vorliegenden Profilen die Fluoreszenz meist geschwächt oder gelöscht. Die Fluoreszenzanomalien an Schichten- und Stufengrenzen werden im Zusammenhang mit Faziesumbrüchen oder Sedimentationspausen gedeutet.

Die Reaktionsanalyse, hier durchgeführt auf Fe, Mg und Verbindungen, die Säure verbrauchen, hat für silikatische Gesteine Anfangserfolge gebracht. Auch diese Kurven zeichnen Eigenschaften der Fazies nach, sie verhalten sich in den Nachbarschichten des Roteisensteinlagers besonders charakteristisch. Der Vergleich mit der quantitativen Analyse wurde noch nicht durchgeführt.

Резюме

Были исследованы фотометрически и флуорометрически две скважины у возвышенности Энкенберг около Берингхаузен, район Брилон, где встречаются отложения среднего девона, верхнего девона и кульма. Фациальное развитие отражается в измерительных кривых естественной ремиссии. Эти кривые можно использовать для тонкой стратиграфии, т. к. спектрохимические свойства пласта часто остаются сохранными, независимо от петрофациальных изменений. В толщах, петрографически трудно поддающихся расчленению, где макроскопически едва ли возможно расчленение, значения фотометра в большинстве случаев еще дают контрастную картину кривой.

Было выяснено, что среди вещественных носителей естественной ремиссии железо в его различных формах связи и ароматически связанный битум имеют существенное значение. Другие влияния, связанные с условиями окислительно-восстановительного потенциала и кислотности фации, еще точно не идентифицированы.

Представляется вероятным, что флуоресценция находится в еще более чувствительной зависимости от петрофации, чем естественная ремиссия. Флуоресценция реагирует уже на мельчайшие фациальные изменения. В данных разрезах явления метасоматического замещения в большинстве случаев ослабили или угасили флуоресценцию. Аномалии флуоресценции на границах слоев ярусов интерпретируются как находящиеся в связи с коренными изменениями фации или перерывами в осадконакоплении.

Реакционный анализ, проведенный здесь на железо и магний, а также соединения, расходующие кислоту, дали начальные успехи для силикатных пород. Эти кривые также изображают свойства фации; особенно показательно их поведение в вмещающих отложениях залежи красного железняка. Сопоставление с количественным анализом еще не было прове-дено.

Summary

A photometric and fluorimetric investigation was made of two drillings at the Enkenberg near Beringhausen in the district of Brilon, containing strata of the Middle Devonian, Upper Devonian and Culm. The development of the facies was reflected by the measuring curves of the natural remission. As the spectral properties of a stratum are often preserved beyond petrofacial changes, the curves can be used for fine-stratigraphic purposes. In sequences of strata to be difficultly classified from a petrographical aspect photometric values as a rule still show a graph rich in contrasts, when macroscopically a classification is hardly possible.

Among the material bearers of natural remission iron in its different bonds and aromatically bonded bitumen have been recognized as essential, other influences probably connected with oxidation-reduction and acidity relations of the facies are wanting accurate identification.

It is probable that fluorescence reacting already upon the slightest changes is still more dependent on the petrographical facies than natural remission. In the sections in question fluorescence for the most part has been weakened or cancelled by metasomatic alterations. Fluorescence anomalies at the borders of strata and stages are interpreted in connection with facies upheavals or sedimentation intervals.

The reaction analysis, carried out here for Fe, Mg and acid consuming compounds, has resulted in initial successes for silicate rocks. These curves equally record properties in accordance with the facies, and are particularly characteristic in the neighbouring strata of the red iron stone. A comparison with the quantitative analysis is still missing.

Literatur

ALBRECHT, F.: Zur Geochemie der oxydischen Eisenerze insbesondere vom Typus Lahn-Dill. – Unveröff. Diss., Univ. München 1952.

BOTTKE, H.: Zur Kenntnis des Asphaltits in den Roteisensteinlagerstätten des Lahn-Dill-Typs bei Adorf in Waldeck. – Notizbl. hess. L.-Amt Bodenforsch., **86**, 1958.

– Der Roteisenstein des östlichen Sauerlandes und seine Beziehungen zur Stratigraphie und Fazies des Oberen Givet und der Adorf-Stufe. – Geol. Jb., Beih., Hannover, im Druck (1962).

FEIGL, F.: Tüpfelanalyse, I. Anorganischer Teil, II. Organischer Teil. – Frankfurt (Main) 1960.

HENNIGE, W. & H. D. PFLUG: Verfahren zur qualitativen und quantitativen chemischen Analyse fester Körper durch Remissionsmessungen. – Anmeldung Bundespatentamt München H 44 185, Abt. IX b/421- (1961).

HOLZAPFEL, E.: Die Goniatiten-Kalke von Adorf in Waldeck. – Palaeontographica, **4**, Kassel 1882.

KUBELKA, P. & F. MUNK-AUSSIG: Ein Beitrag zur Optik der Farbanstriche. – Z. techn. Physik, **12** (1931).

KULIK, J.: Zur Stratigraphie und Palaeogeographie der Kulm-Sedimente im Eder-Gebiet des nordöstlichen Schiefergebirges. – Fortschr. Geol. Rheinl. u. Westf., **3**, 1, Krefeld 1960.

PAECKELMANN, W.: Über Beziehungen zwischen Fazies und Tektonik im Devon des Sauerlandes. – Z. deutsch. geol. Ges., **82**, Berlin 1930.

PAECKELMANN, W. & F. KÜHNE: Erläuterungen zur Geologischen Karte von Preußen, Blatt Madfeld (341). – Berlin 1936.

PFLUG, H. D.: Die Untersuchung von Flözprofilen aus dem Nordrevier der rheinischen Braunkohle auf ihre Brikettiereigenschaften. – Freiberger Forsch.-H., A 64, Berlin 1957.

– Untersuchungen an Kalisalz-Profilen des Werra-Gebietes. – Notizbl. hess. L.-Amt Bodenforsch., im Druck (1962).

SCHMIDT, H.: Nach Goniatiten gegliederte Profile im sauerländischen Kulm. – Decheniana, **101**, Bonn 1942.

VOGES, A.: Die Bedeutung der Conodonten für die Stratigraphie des Unterkarbons I und II (Gattendorfia- und Pericyclus-Stufe) im Sauerland. – Fortschr. Geol. Rheinl. u. Westf., **3**, 1, Krefeld 1960.

Zusammenhang zwischen Kohle- und Erdgashöffigkeit[1]

N. J. MARKOWSKI, Moskau

Einer erfolgreichen Vorerkundung in großen Räumen muß eine Einschätzung der Perspektive auf Erdöl- und Erdgashöffigkeit vorangehen; denn man hat mit erheblichen Ausgaben für die Vorerkundung und Erkundung zu rechnen.

Eine Einschätzung der Öl- und Gashöffigkeit des einen oder anderen Gebietes ist in erster Linie vom Grad der geologischen Erkundung und dabei unter anderem von der Anzahl der vorhandenen Bohrungen abhängig.

1949 wurde mit Basisbohrungen auf dem Gebiet der Westsibirischen Tiefebene begonnen. In zehn Jahren sind einige Dutzend Bohrungen niedergebracht worden, annähernd eine Bohrung auf 100000 km². Trotz der Weiträumigkeit konnte man feststellen, daß in den mesozoischen und känozoischen Ablagerungen des Gebietes Gesteine in mariner, lagunärer und kontinentaler Fazies auftreten. Im NW-Teil der Tiefebene am Unterlauf des Ob, im Gebiet von Berosowa, wurde dabei eine sehr reiche Erdgaslagerstätte entdeckt.

Durch eine Untersuchung der terrestrischen Ablagerungen des Unterkarbons auf der Russischen Tafel konnten Zusammenhänge zwischen den Kohlen- und Erdölvorkommen festgestellt werden. Mit diesen Erkenntnissen gelang es, die zonenmäßige und flächenhafte Verbreitung der besonders höffigen Gebiete zu bestimmen.

[1] Aus: „Priroda", H. 4, 1959 (gekürzt). – Übers.: FEIRER

Die Art des Vorkommens von Kohle und Erdöl ist durch einen einheitlichen Entwicklungsprozeß des organischen Lebens auf dem Lande und im Wasser in einer konkreten paläogeographischen Situation bedingt (Abb. 1).

Die Kohlebildung findet eine günstige Bedingung, wie es Abb. 1 zeigt, auf einer Tafel, die ursprünglich eine ausgedehnte Tiefebene mit einer Vielzahl von Seen und Mooren war. Solche Ebenen wurden, wie Bohrungen nachwiesen, von einigen großen Urstromtälern durchzogen. Ihr Verlauf ist nach der Mächtigkeit der von ihnen abgelagerten Sedimente (Abb. 2) gut zu verfolgen.

Einer dieser Urströme des zur Besprechung stehenden Gebietes floß von NW her und folgte der Rjasaner und Saratower Niederung. Sein Quellgebiet ist aller Wahrscheinlichkeit nach in den Sumpfgebieten der einstigen Moskauer Niederung zu suchen.

Ein zweiter Urstrom nahm seinen Anfang im NE. In seinem Mündungsgebiet lag ein Delta bei Kuibyschew. Die Mächtigkeit der Aufschüttung im Deltabereich beträgt mehr als 400 m. In diesen Ablagerungen treten sehr reiche Erdölvorkommen auf.

Im NE-Teil des untersuchten Gebietes befinden sich die Steinkohlenvorkommen von Kisel. Auch diese Vorkommen liegen im Delta eines unterkarbonen Urstromes. Auf dessen Inseln reicherte sich Torf als Ausgangsmaterial für die Bildung von Kohle an. Im angrenzenden Meer ist es wahrscheinlich zur Anreicherung von tierischen Organismen gekommen, aus denen sich dann später Erdöl und Gas bildete.

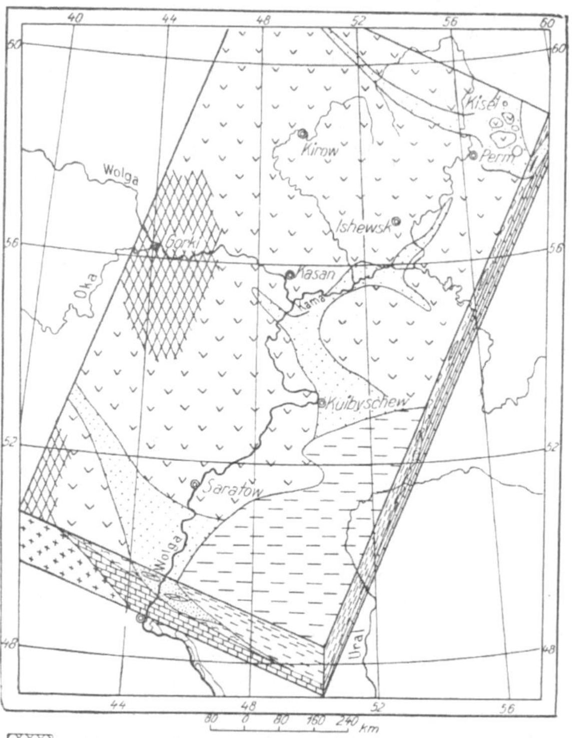

Abb. 1. Das paläogeographische Blockschema des SE-Teiles der Russischen Plattform in der Periode der Bildung der kohleführenden Ablagerungen des Unterkarbons

1 – Erhöhte Gebiete des Paläoreliefs, 2 – Tiefebene, 3 – Flußtäler, 4 – angenommene Konturen des Meeres, 5 – magmatisches Gestein, 6 – Karbonatgesteine, 7 – Tone, 8 – Sande, 9 – Meer

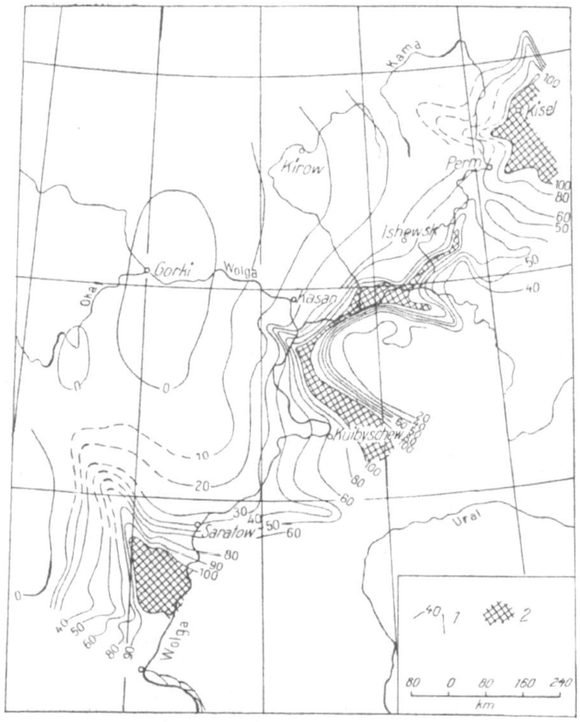

Abb. 2. Karte mit Eintragungen der Linien gleicher Mächtigkeiten der terrestrischen Sedimente des Unterkarbons im SE der Russischen Plattform

1 – Linien gleicher Mächtigkeiten, 2 – Flächen mit Mächtigkeiten von mehr als 100 m

Der Urstrom mit seinem Delta bei Kisel entsprang auf der Russischen Tafel und floß mit einer Biegung von West nach Ost zwischen den Erhebungen von Baschkirien und Werschnekamsk. Im Gebiet von Ilinsk wurde eine neue Erdöllagerstätte erschlossen, die unmittelbar in den Ablagerungen des Urstromtales liegt.

Die Urströme lagerten jeweils große Mengen terrestrischen Materials ab, in der Hauptsache Sande (24 bis 76% des gesamten Profiles). Hydrologisch kann man eine Parallele zu den heutigen Strömen Wolga, Don usw. ziehen. Das abgelagerte Material zeigt in beiden Fällen das gleiche Bild, es wurden Schichten des Karbons vom Baltischen Schild und von einzelnen Erhebungen des früheren Reliefs abgetragen und abtransportiert.

Im südöstlichen Teil des Ural—Wolga-Gebietes, im Gebiet um den Kaspisee, befanden sich damals flache Seen. Ihre Sedimente waren reichlich mit organischen Stoffen durchsetzt, die sich im Süßwasser in einem reduzierenden Medium ablagerten, was sich äußerst günstig auf die Bildung von Bitumen auswirkte.

Für die Vorerkundung neuer Erdöl- und Erdgaslagerstätten ist die Kenntnis der Bildungsbedingungen und der Verbreitung erdölführender Gesteine ausschlaggebend. Im Bereich des südlichen Teils der Russischen Tafel ist dies feststellbar.

Mächtige Deltaablagerungen in Schichten des Unterkarbons trifft man auch im Ural—Wolga-Gebiet. Dies läßt die Vermutung zu, daß man dort bei der Vorerkundung stratigraphische Fallen vorfinden wird. Aus diesem Grund ist eine eingehende Rekonstruktion paläogeographischer Verhältnisse notwendig. Durch sie kann man die Konturen der einstigen Meere und Kontinente, ihre Besonderheiten, die Bedingungen für die Anreicherung organischer Stoffe und die Möglichkeiten ihrer Umbildung in Brennstoffe erkennen.

In den östlichen Gebieten der Russischen Plattform sind im allgemeinen die Umrisse der erdölhöffigen Gebiete bekannt, innerhalb deren man neue Erdöl- und Erdgaslagerstätten suchen kann. Doch weisen die allgemeinen geologischen Grundlagen, die für die Vorerkundung dieser Rohstoffe auf dem riesigen Gebiet der Sowjetunion nötig sind, noch Mängel auf. Besonders gilt das für die Westsibirische Tiefebene.

Eine Lösung dieses Problems darf man bis zu einem gewissen Grad von den Ergebnissen der Basisbohrungen bei einem Vergleich mit der Russischen Tafel erwarten. Wie diese Bohrungen zeigen, lagern in der Westsibirischen Tiefebene bis 3500 m mächtige Sedimente des Mesozoikums und Känozoikums. In diesen Ablagerungen sind fast alle Formationen vertreten: Jura, Kreide, Paläogen und teilweise auch Neogen.

In der Westsibirischen Tiefebene sind die Gesteine des Mesozoikums und Känozoikums sehr weit verbreitet. Gebiete der marinen Fazies und der Kontinentalfazies kommen hier ohne Zweifel für die Erkundung auf Erdöl in Frage. Dafür spricht schon der Umstand, daß das Wasser in den Basis- und Erkundungsbohrungen auf diesem Territorium gelöste brennbare Gase mit einem Methangehalt von 95—98% enthält. Außerdem stellte man bei einer Reihe von Bohrungen im Gas bis zu 3,5% schwere Kohlenwasserstoffe fest, wie z. B. im Berosower Feld.

Geophysikalische Messungen und Basisbohrungen vervollständigen bei der Komplexerkundung laufend die Kenntnisse über den tektonischen Bau der Westsibirischen Tiefebene. Dieses Gebiet stellt eine weiträumige, komplizierte, gefaltete Zone der jungen herzynischen Tafel dar. Es ist durchaus möglich, daß die allgemeinen strukturellen Besonderheiten sehr große Ähnlichkeiten mit den erdöl- und erdgasführenden Gebieten am Kaspischen Meer haben. Die Russische Tafel weist dort ähnliche Charakteristika auf. Ein bedeutender Teil der Erdöl- und Erdgaslagerstätten liegt teils unmittelbar um die Kaspische Depression, teils aber auch in deren Peripherie. Die in der Westsibirischen Tiefebene z. Z. festgestellten Erdgasvorkommen im Gebiet der Berosower Lagerstätte liegen auf der Westseite dieser Struktur in dem von jüngerem Deckgebirge überlagerten Teil des Urals.

Im Wolga—Ural-Gebiet beobachtete man im Unterkarbon einen deutlichen Übergang von der kohleführenden zur erdölführenden Fazies und umgekehrt. Die kontinentalen, kohleführenden Gesteine des Mesozoikums treten in Westsibirien an der Ostseite des Urals, im Zentralgebiet der Depression, auf. Sie werden wahrscheinlich auch nach allmählichen Übergängen zum Auffinden von typischen erdölhöffigen Schelfablagerungen führen.

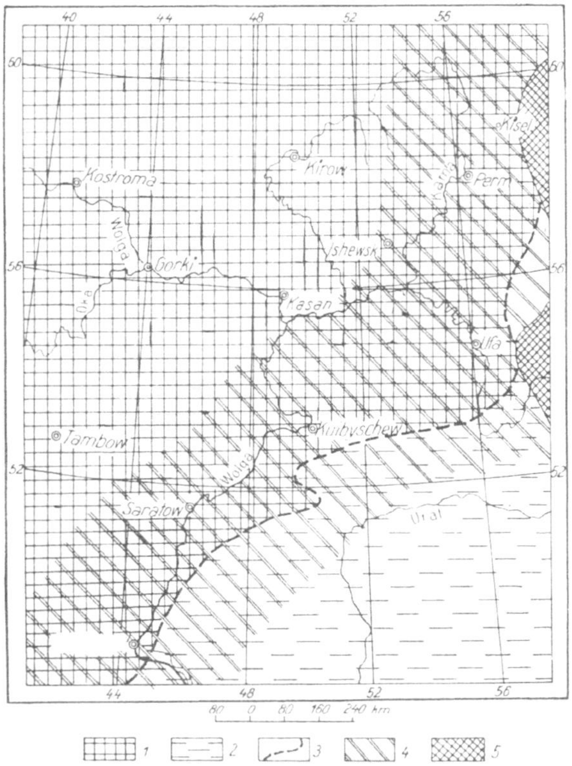

Abb. 4. Schematische Karte der produktiven Zone des Unterkarbons im SE der Russischen Plattform

1 — Land, 2 — Meer, 3 — Uferlinie, 4 — produktive Zone, 5 — gefaltete Zone des Urals

Günstige Bedingungen für die Anreicherung und Erhaltung organischen Ausgangsmaterials für die Bildung von Erdöl liegen wahrscheinlich auf der Sibirischen Tafel in den Uferzonen ehemaliger, flacher Meere, die von späteren Ablagerungen überdeckt sind. Die Flüsse, die sich aus diesen Gebieten in die Meere ergossen, lagerten Deltasedimente ab, die als äußerst günstig für eine spätere Akkumulation von Erdöl- und Erdgas zu bezeichnen sind. Darum ist es für eine erfolgreiche Vorerkundung besonders wichtig, zunächst die Begrenzung einstiger Landgebiete und Meere zu fixieren. Dabei müssen die zeitlichen Abfolgen und die räumlichen Konturen ermittelt werden.

Von großer Bedeutung ist die Untersuchung der Wechselbeziehungen zwischen erdöl- und kohleführenden Ablagerungen. Sie zeigen in genetischer Beziehung große Ähnlichkeit, bilden sich in einem Horizont und sind durch gleiche regional-klimatische, paläogeographische und paläotektonische Kennzeichen charakterisiert (Abb. 3).

In der Regel geht die kohleführende Zone bei zunehmender Tiefe des Beckens in die erdölbildende Zone über. Ihre regionale Verbreitung verläuft parallel der Uferlinie. Mitunter reichen beide Zonen weit in Buchten hinein. In ihrem parallelen Verlauf zur Uferlinie können sie sich über mehr als 1000 km erstrecken, insbeson-

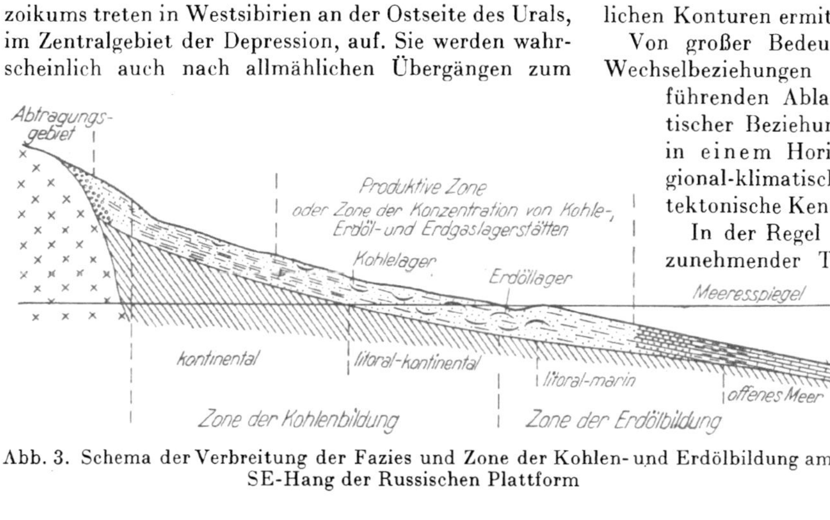

Abb. 3. Schema der Verbreitung der Fazies und Zone der Kohlen- und Erdölbildung am SE-Hang der Russischen Plattform

dere dann, wenn die Anreicherung der organischen Stoffe sehr intensiv war.

Kohleführende Sedimente, die die Eigenschaften eines Speichergesteins besitzen, können dabei gleichzeitig selbst erdölführend oder aber Nebengestein von erdölführenden Ablagerungen sein. Nach der Umwandlung der organischen Substanzen in flüssige und gasförmige Kohlenwasserstoffe kann das Erdöl unter Einwirkung der verschiedensten Faktoren in das Nebengestein migrieren und dort wirtschaftliche Anreicherungen bilden.

Die Zugehörigkeit der Erdöllagerstätten im Unterkarbon zur Uferlinie des Unterkarbon-Meeres ist im Ural—Wolga-Gebiet sehr klar ausgeprägt. Die räumliche Verteilung dieser Küstenfazies und die Kenntnis von der Verbreitung terrestrischer Ablagerungen des Unterkarbons gestatten es, im SE der Russischen Tafel ein produktives Gebiet innerhalb dieser Sedimente anzunehmen (Abb. 4).

Wo solche Ablagerungen in ausreichenden Mächtigkeiten vorhanden sind, können die lithologischen Bedingungen für wirtschaftliche Erdölanreicherungen als günstig beurteilt werden. Es treten terrestrische und marine Sedimente auf. Bei unruhiger Uferlinie kann die höffige Zone verschieden breit sein. Die größten Schwankungen liegen im Bereich der Deltamündungen.

Die produktive Erdölzone kann unmittelbar mit der regionalen Kohlenzone zusammenfallen, aber auch in einer bestimmten Entfernung parallel zu ihr verlaufen. Im ersten Falle wird die produktive Zone durch eine maximale Konzentration von Erdöl-, Kohlen- und Erdgaslagerstätten charakterisiert. Diese Erscheinung beobachtet man längs der SE-Flanke der Russischen Tafel. Ähnliche Verhältnisse der Komposition und der Wechselbeziehungen zwischen Kohle- und Erdölanreicherung sind auch in anderen Gebieten zu beobachten. Diese Beziehungen können für die Vorerkundung von Erdöl- und Erdgaslagerstätten von großer wirtschaftlicher und praktischer Bedeutung sein. Sie sind aber selbstredend nicht universell. Das Vorhandensein von Kohle ist durchaus nicht in allen Fällen ein Anzeichen für Erdölhöffigkeit. Die Grundvoraussetzung dafür ist ein günstiges Zusammenfallen von bestimmten paläogeographischen, geotektonischen und einigen anderen Faktoren.

Die hier in allgemeinen Umrissen angeführten Wechselbeziehungen zwischen Kohle- und Erdölhöffigkeit müssen in jedem Einzelfall weiterhin tiefer und detaillierter ergründet werden. Die bisher abgeschlossenen Untersuchungen gestatten aber schon eine Differenzierung bei der Bewertung neuer Gebiete auf Erdöl- und Erdgashöffigkeit.

Die Gaschromatographie bei der Erdgas- und Erdölprospektion und -förderung[1]

E. P. MÜLLER & W. FREUND, Gommern

1. Einleitung

Die Gaschromatographie ist ein modernes Analysenverfahren, das sich in der Schnelligkeit der Durchführung von Analysen und in der Genauigkeit gegenüber den klassischen Verfahren auszeichnet. Durch diese Untersuchungsmethode können Einzelkomponenten von Erdgasen, die in Konzentrationen von 10^{-3} Vol.-% und geringer vorliegen, ohne Anreicherungsvorgang bestimmt werden.

Die gaschromatographische Untersuchungsmethode wurde 1906 von dem russischen Botaniker TSWETT entwickelt. Zunächst wurde sie, wie schon ihr Name besagt, zur Trennung von farbigen Substanzen verwandt. Nach einer stürmischen Entwicklung dieser Methode in den letzten Jahren wird sie gegenwärtig, außer zur Analyse von Gasen, zur Trennung und Identifizierung von komplizierten organischen Verbindungen, u. a. Erdöl, eingesetzt.

Dem Erdölgeologen ist die gaschromatographische Untersuchungsmethode ein wichtiges Hilfsmittel bei der Prospektion auf Erdöl- und Erdgaslagerstätten sowie für vergleichende geochemische Betrachtungen von Lagerstätten. Der Anwendungsbereich ist auf dem Sektor der Erdöl- und Erdgaserkundung außerordentlich umfangreich.

2. Anwendung

Die Bodenluftprospektion oder Gasvermessung ist eine direkte geochemische Methode zur Erdöl- und Erdgaserkundung. Sie wurde erstmalig in Deutschland von LAUBMEYER 1932, in der UdSSR von SOKOLOW im selben Jahre angewandt. Durch die Gasvermessung wird der Gehalt der Bodenluft an Kohlenwasserstoffen über günstigen geologischen Strukturen bestimmt. Aus den festgestellten Gehalten von Kohlenwasserstoffen in der Bodenluft können Rückschlüsse über Vorhandensein, Form und Teufe von Erdöl- oder Erdgaslagerstätten gezogen werden. Die Konzentrationen von Kohlenwasserstoffen in der Bodenluft sind sehr gering, so daß Analysenverfahren mit hoher Empfindlichkeit, wie die Gaschromatographie, in den meisten Ländern angewandt werden.

Ein weiterer Anwendungsbereich der Gaschromatographie ist die Gaskarottage (Gas-Logging). Sie stellt ein spezielles Verfahren dar, um Gasspuren beim Bohrprozeß in den verschiedenen geologischen Horizonten nachweisen zu können. Die Bohrspülung wird während des Bohrprozesses mittels eines Degasators kontinuierlich entgast, und die brennbaren Gase, wie Kohlenwasserstoffe und Wasserstoff, werden als Summe erfaßt. Beim Auftreten von größeren Konzentrationen an brennbaren Gasen werden punktweise Proben genommen und gaschromatographisch auf den Chemismus untersucht. Hierbei sind automatische Gaschromatographen im Einsatz. Die Gaskarottagemessungen ergeben ähnliche Diagramme wie die bohrlochgeophysikalischen Messungen, weisen aber direkt auf die Gasführung von Horizonten hin (SOKOLOW & JUROWSKIJ 1961).

Wichtig ist weiterhin die Bestimmung des Gehaltes an adsorbierten Gasen von Kernproben und gelösten Gasen in Tiefenwässern, aus denen man ebenfalls Hin-

[1]) Eingang des Manuskripts in der Redaktion: 3. 1. 1962

weise über das Auftreten von Kohlenwasserstoffen bekommen kann.

Die Untersuchung von freien Gasen und Erdölen durch die gaschromatographische Analysenmethode gibt zunächst Aufschluß über den Chemismus der geförderten Gase. Beim Vergleich der Zusammensetzung von Gasen aus verschiedenen Sonden kann man feststellen, aus welchen geologischen Horizonten die Förderung vor sich geht.

Bei der laufenden analytischen Kontrolle von Gassonden bei der Förderung können Undichtigkeiten der Zementation oder Fehler an der Verrohrung festgestellt werden. Die gaschromatographische Bestimmung des Gasolinanteiles gibt Hinweise, ob es von wirtschaftlichem Nutzen ist, eine Entgasolinierungsanlage einzurichten. Um allen diesen Forderungen gerecht zu werden, müssen weitgehend gaschromatographische Vollanalysen durchgeführt werden. Sie umfassen die Bestimmung der inerten Gase wie Helium, Argon, Wasserstoff, Stickstoff und der Kohlenwasserstoffe vom Methan bis zum n-Butan und CO_2. Die höheren Kohlenwasserstoffe, die den Gasolinanteil darstellen, werden getrennt erfaßt.

3. Untersuchungsmethodik

Die Gaschromatographie ist nur auf Stoffe beschränkt, die im Dampfzustand existent sind bzw. sich in Dämpfe überführen lassen.

Für die Trennung von Gasen gibt es mehrere gaschromatographische Verfahren. Grundsätzlich unterscheidet man zwei Trennprinzipien.

a) Die Gas-Adsorptions-Chromatographie (GSC)

Bei diesem Prinzip werden, wie der Name schon sagt, die einzelnen Komponenten eines Gasgemisches, z. B. des Erdgases, auf Grund ihrer unterschiedlichen Adsorptionskräfte durch ein Adsorptionsmittel, wie Aktivkohle, Kieselgel, Aluminiumoxyd oder durch Molekularsiebe, eine bestimmte Zeit zurückgehalten und somit getrennt. Diese Stoffe befinden sich in Säulen, deren Länge und Durchmesser variiert werden können (1 bis 3 m Länge, 0,4—0,8 mm Durchmesser).

b) Die Gas-Verteilungs-Chromatographie (GLC)

Die GLC ist auch unter dem Namen Gas-Flüssigkeits-Chromatographie bekannt. Apparativ wird für diese Methodik die gleiche Anordnung verwendet wie bei der GSC, nur daß hier in der Säule anstelle eines aktiven Adsorbens ein inerter, fester Stoff tritt, der mit einer Trägerflüssigkeit imprägniert ist. Die Korngrößen der Adsorptionsmittel bei der GSC und des festen Stoffes bei der GLC liegen zwischen 0,4—0,5 mm. Die Trennwirkung der Säule hängt von verschiedenen Faktoren ab, wobei Natur und Menge des festen Stoffes ebenso wichtig sind wie die Dichte und Gleichmäßigkeit des Flüssigkeitsfilmes.

c) Thermo-Gas-Chromatographie

Da die GSC und die GLC hinsichtlich ihrer Trennfähigkeit Grenzen besitzen und die Trennleistung und Analysendauer temperaturabhängig sind, kann man mit dem Trennmaterial sowohl bei Zimmertemperatur als auch bei höherer Temperatur (bis zu ca. 350°) arbeiten. Man spricht dann, falls die Temperatur konstant gehalten wird, von isothermer Gaschromatographie.

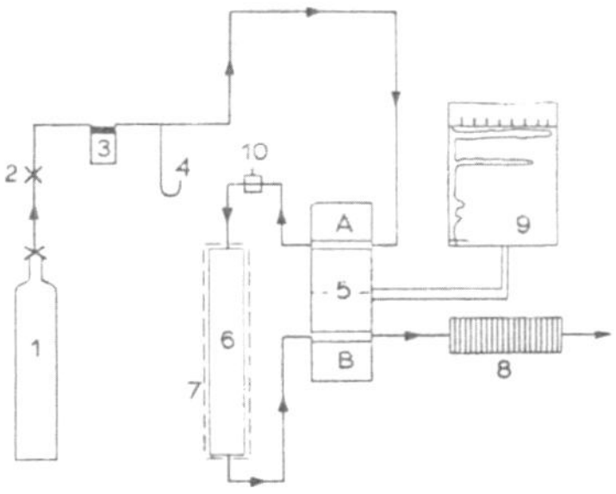

Abb. 1. Schema einer gaschromatographischen Apparatur

1 — Schleppgasflasche für Argon oder Wasserstoff, 2 — Nadelventil, 3 — Waschflasche, 4 — Manometer, 5 — Wärmeleitfähigkeitszelle, 6 — Säule mit Füllung, 7 — Thermostat, 8 — Strömungsmesser, 9 — Schreiber, 10 — Dosiervorrichtung

Unterliegt jedoch die ganze Länge der Trennsäule einem mit der Zeit geradlinig ansteigenden Temperaturprogramm, so bezeichnet man diese Methode als Thermo-Gas-Chromatographie.

4. Angewandte Verfahren

Beschreibung der Apparaturen

Wie bereits erwähnt, werden sowohl für die Adsorptions- als auch für die Gasverteilungschromatographie weitgehend ähnliche Vorrichtungen benutzt, deren grundsätzliche Unterschiede nur in den Dimensionen der Säulen und im Charakter der Füllung bestehen.

Um eine Vorstellung über die Funktion und den Zweck der einzelnen Teile der Gaschromatographie zu erhalten, soll in Abb. 1 eine schematische Darstellung einer Apparatur für Gaschromatographie gegeben werden.

Das Schleppgas in der Gasflasche 1 (Abb. 1) wird auf einen den Analysenbedingungen entsprechenden Druck eingestellt (etwa $2^1/_2$ atü) und mittels eines Nadelventiles auf eine Strömungsmenge von 3 l/h reduziert. In einer Waschflasche, die mit P_2O_5 gefüllt ist, wird das Schleppgas getrocknet und strömt nun durch eine Vergleichszelle des Detektors (5) weiter über die Dosiervorrichtung (10) in die eigentliche Säule (6). Die Dosiervorrichtung besteht aus einem T-Stück, welches in die Leitung des Schleppgases eingebracht und der offene Gang mit einem Pfropfen verschlossen wurde. Durch diesen Gummipfropfen wird mittels einer Injektionsspritze das Erdgas bei Zimmertemperatur in den Strom des Schleppgases eingespritzt. Die Bestandteile der Probe trennen sich in der Säule je nach ihrer Affinität zur Füllung, so daß aus der Säule mit Hilfe des Schleppgases eine Komponente des Erdgases nach der anderen herausgespült wird. Die durch die Detektorkammer (5 B) strömenden Komponenten bewirken die Änderung eines bisher in den Kammern (5 A und 5 B) konstanten Widerstandes.

Diese Art von Detektoren bezeichnet man als Wärmeleitfähigkeitszellen oder Differentialdetektoren. Die Beheizung der Zellenkammern erfolgt mit einem 12-Volt-Akku. Das Registriergerät, ein elektronischer Kompensationsbandschreiber, trägt Berge (Peaks) in Abhängigkeit der Konzentration c der Gaskomponenten von der Durchflußzeit t der Säule auf. (Abb. 2.)

Auf Grund spezifischer Durchflußzeiten der Gaskomponenten kann man Erdgas qualitativ beurteilen und durch Messen der Peakhöhe quantitative Werte ermitteln. Die konstante Strömungsmenge des Schleppgases (3 l/h) wird mit einem Seifenfilmströmungsmesser (8) gemessen. Der Thermostat (7) selbst dient nur für die Durchführung von thermogaschromatographischen Analysen und hat die Aufgabe, die Säulentemperatur während der Analyse bei einer gewünschten Temperatur konstant zu halten, da nur unter diesen

Bedingungen, sowohl qualitativ als auch quantitativ, auswertbare Ergebnisse erzielt werden können. Mit der Thermo-Gas-Chromatographie können flüssige Kohlenwasserstoffe, wie Gasolin und Erdölfraktionen, mittels eines Probengebers untersucht werden, durch den sehr geringe Mengen (20γ—50γ) dosiert werden können. Die von verschiedenen Firmen gelieferten Geräte entsprechen prinzipiell dem erwähnten Schema der Abb. 1. Für unsere Arbeiten standen uns folgende Geräte zur Verfügung:

1. Gaschromatograph (Eigenbau VEB Technische Gase, Berlin)
2. Gaschromatograph GCH 21, Fa. Giede, Berlin
3. Wärmeleitfähigkeitszellen, Zimmermann, Leipzig, sowie Zubehör

Durchführung der Analyse

Bei der Erdöl- und Erdgasprospektion kommt es darauf an, Gase wie He, Ar, H_2, N_2, CH_4, CO_2 und Kohlenwasserstoffe vom Äthan (C_2H_6) bis Hexan (C_6H_{10}) mit verhältnismäßig großer Genauigkeit schnell zu erfassen.

Für die Bestimmung von He, H_2, N_2, O_2, CH_4 wird eine Säule von 1,5 m Länge und einem ⌀ von 0,6 mm verwendet, die mit Molekularsieb (5 A, Körnung 0,4 bis 0,5 mm) gefüllt ist. Als Schleppgas wird Argon (Schweißargon Leuna) verwandt. Das vom Schreiber registrierte Analysenergebnis zeigt Abb. 3.

Da hierbei die Trennung der Komponenten an einem Adsorptionsmittel (Molekularsieb) erfolgt, handelt es sich bei der Ermittlung dieser Komponenten des Erdgases um reine Gasadsorptionschromatographie (GSC).

Für die Bestimmung der Kohlenwasserstoffe eignet sich die Gasverteilungschromatographie. Als Schleppgas wird elektrolytischer Wasserstoff, als Trägermaterial Aluminiumoxyd (Al_2O_3), Körnung 0,4—0,5 mm, das mit 15% Cetan ($C_{16}H_{34}$) imprägniert wurde, verwandt. Die Säulenlänge beträgt 2 m, der Säulendurchmesser 0,6 cm. Die Registrierung der Kohlenwasserstoffe bis einschließlich normal- und iso-Butan (n-C_4H_{10} und i-C_4H_{10}) erfolgt bei Zimmertemperatur, für die Bestimmung von Pentan und Hexan und deren Isomere wird bei Temperaturen von 60°—80°C gearbeitet. Das erhaltene Diagramm veranschaulicht Abb. 4. Der sog. Luftpeak enthält sämtliche inerten Gase, CH_4 und CO_2.

Die Bestimmung von CO_2 wird mit einer 2,5 ml langen, mit Silicagel gefüllten Säule (Körnung 0,4 bis 0,5 mm) durchgeführt, das Schleppgas ist Wasserstoff. Die Aufgabemenge des zu untersuchenden Gases beträgt für die Bestimmungen mit der Molekularsieb-, Cetan- und Silicagelsäule je 1 ml.

Argon-Bestimmung

Zur Argon-Bestimmung wird eine Pd$(NH_3)_4$-Lösung auf einen Träger (z. B. Silicagel) von einer Körnung von 0,4—0,5 mm aufgetragen und in eine 40—50 cm lange Säule vom üblichen Durchmesser gefüllt. Als Schleppgas wird für die Analyse H_2 verwendet, um vorhandenen Sauerstoff katalytisch am Palladium zu verbrennen. Diese Säule wird vor der

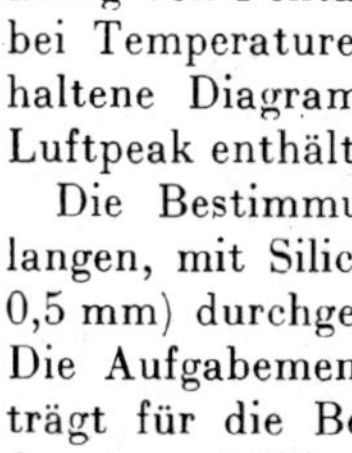

Abb. 2. Kurve des elektronischen Kompensationsbandschreibers

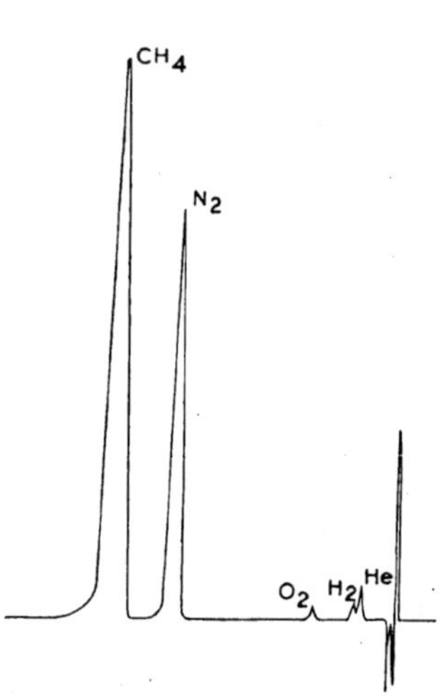

Abb. 3. Gaschromatogramm — Erdgas Langensalza

Trennsäule: Molekularsieb: Typ 5A; Schleppgas: Argon; Brückenstrom: 160 mA

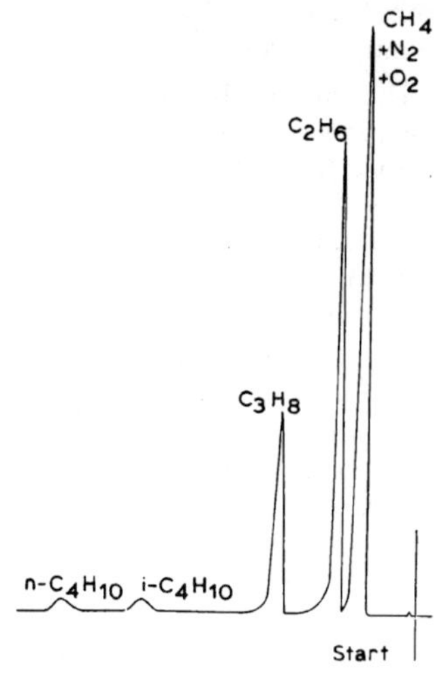

Abb. 4. Gaschromatogramm — Erdgas Langensalza

Trennsäule: Cetan auf Al_2O_3; Schleppgas: Wasserstoff 3 l/h; Brückenstrom: 240 mA

Molekularsiebsäule angebracht. Der Argonpeak erscheint auf Grund gleicher Verweilzeiten an Stelle des Sauerstoffaufschlages. Bei diesem Trennungsverfahren können neben Argon Helium, Stickstoff und CH_4 ermittelt werden.

Auswertung

Die qualitative Auswertung eines Erdgases wird mit Hilfe der Rückhaltevolumina bzw. der Austrittszeiten der Maxima der einzelnen Peaks durchgeführt. Sie sind für jede Komponente charakteristisch. Die Identifizierung einer Substanz wird erreicht, indem man die vermutete Gaskomponente der Analysenprobe zusetzt. Erhöht sich der zu prüfende Peak, so ist das zugegebene Gas mit dieser Komponente der Ausgangsprobe identisch; tritt ein neuer Peak auf, so war diese Substanz in der Analysenprobe nicht vorhanden.

Für die quantitative Auswertung dient das Integral der Registrierkurve. Die Bestimmung des Integrals eines Peaks kann mit einem Planimeter erfolgen. Oft hilft man sich mit dem Produkt aus Berghöhe h und Halbwertsbreite b, oder man nimmt nur mit der Höhenauswertung vorlieb.

Auf Grund der unterschiedlichen Zusammensetzung der Erdgase und wegen der bei geochemischen Betrachtungen geforderten Genauigkeit wird die Höhe jedes erkennbaren Peaks des Diagrammes gegen die entsprechende Probenmenge geeicht. Der hierbei auftretende relative Fehler beträgt etwa ± 2%.

5. Schlußbetrachtung

Die Gaschromatographie hat gerade in jüngster Zeit einen wesentlichen Anteil bei der Erkundung und Auffindung neuer Erdöl- und Erdgasfelder. Ohne sie wäre es unmöglich gewesen, bei verschiedenen Bohrungen auf Erdöl und Erdgas in der DDR qualitative und quantitative Änderungen im Gasgehalt von Spülungen innerhalb kurzer Zeit festzustellen. Somit konnten schon während des Bohrprozesses Hinweise über das Vorhandensein von Kohlenwasserstoffen gegeben werden.

Mittels der Gaschromatographie lassen sich Migrationsvorgänge von Erdöl und Erdgas verhältnismäßig gut veranschaulichen. Die Klärung, ob das Erdgas im Chirotheriensandstein der Struktur Langensalza des Thüringer Beckens aus dem Hauptdolomit des Zechstein 2 migriert ist, kann wahrscheinlich mittels gaschromatographischer Methoden herbeigeführt werden.

Zusammenfassung

Auf die Anwendungsgebiete der Gaschromatographie bei der Erdöl- und Erdgaserkundung wird eingegangen. Die Untersuchungsmethodik mit apparativer Beschreibung wird eingehend dargestellt. Die Bestimmung von Helium, Wasserstoff, Sauerstoff, Stickstoff und Methan erfolgt adsorptionschromatographisch mittels Molekularsiebsäule. Die Kohlenwasserstoffe werden verteilungschromatographisch bestimmt. Hinweise über Auswerteverfahren werden gegeben.

Резюме

Обсуждаются области применения газовой хроматографии при поисковоразведочных работах на нефть и газ. Обстоятельно излагается методика исследования, дается описание необходимой аппаратуры. Определение гелия, водорода, кислорода, азота и метана производится хроматографическим адсорбционным анализом с помощью молекулярной ситовой колонны. Углеводороды определяются по дисперсионной хроматографии. Даются указания на методы интерпретации.

Summary

A description is given of fields of application of the gas chromatography in petroleum and natural gas reconnaissance. The technique of investigation and equipment involved are discussed in detail. Helium, hydrogen, oxygen, nitrogen and methane are determined by means of adsorption chromatography using the molecular screen column, while the distribution chromatography is used in the determination of hydrocarbons. Directions are given dealing with methods of evaluation.

Literatur

KAISER, R.: Gas-Chromatographie. — Akadem. Verlagsgesellschaft Geest & Portig, Leipzig 1960.

KREJCI, M. & J. JANAK: Gaschromatographische Bestimmung von Argon neben Sauerstoff und anderen Permanentgasen. — Fortschrittsberichte zur Gaschromatographie, Akademie-Verlag, Berlin 1961, S. 254—258.

SOKOLOW, W. A.: Die Gasvermessung, eine direkte geochemische Methode zur Erdölerkundung. — Verlag Technik, Berlin 1955.

SOKOLOW, W. A. & G. M. JUROWSKIJ: Theorie und Praxis der Gaskarottage. — Gostoptechisdat, Moskau 1961.

F. K. SCHIPULIN

Zur Theorie der Kontaktmetamorphose [1)]

Referiert von HEINZ SCHULZ, Gera

Allgemein wird die Ansicht vertreten, daß die Kontaktmetamorphose um hypabyssische Granitintrusionen durch einsinnig abziehende magmatische Lösungen hervorgerufen wird.

Im Gegensatz dazu wird im vorliegenden Artikel angenommen, daß die Kontaktmetamorphose mit größter Wahrscheinlichkeit vornehmlich unter der Mitwirkung lokal im Nebengestein vorhandener gesättigter Porenlösungen verläuft.

Bei seiner Untersuchung ging der Autor davon aus, daß die Wechselbeziehungen eines relativ trocken-heißen Magmas mit wassergesättigtem Nebengestein Prozessen gleichen, die beim thermischen Trocknen feuchter kapillarporöser Materialien, wie Ziegel, Sand, Ton u. a., vor sich gehen. Er stützte sich dabei auf die ausführlichen Untersuchungen der physikalisch-chemischen Vorgänge dieser Prozesse (LYKOW 1950, 1951 und 1956) und wandte dessen Ergebnisse auf geologische Körper an, wobei die streng mathematische Formulierung übernommen wurde.

Wird eine Seite eines feuchten, kapillarporösen Körpers erhitzt, so migrieren Feuchtigkeit und Substanzen von der heißen zur kalten Seite, auf der sie sich anreichern. Es kommt zur Ausbildung eines Feuchtigkeitsgradienten zwischen heißen und kalten Partien. Gleichzeitig wird eine Feuchtigkeitsdiffusion in der entgegengesetzten Richtung hervorgerufen, d. h. von der Seite größerer zur Seite geringerer Konzentration.

Bei hohen Temperaturen stellt der Temperaturgradient den wichtigsten Faktor fur die Feuchtigkeitsübertragung dar. Bei großen Feuchtigkeitsgehalten wird diese in flüssiger Form, bei geringeren — wenn z. B. im Gestein eine adsorptiv gebundene Feuchtigkeit vorliegt — im dampfförmigen Zustand übertragen (LYKOW 1950). Der Mechanismus des Feuchtigkeitstransportes hängt somit auch von der Bindungsart im Material ab.

Der Einfluß des Feuchtigkeitsgehaltes auf die Leitfähigkeit der Gesteine wurde in Versuchen mit Ton, Sand usw. bestätigt. Die Experimente zeigen, daß der Wärmeleitfähigkeitskoeffizient sein Maximum bei einem Feuchtigkeitsgehalt von 100—300 g pro kg Gestein erreicht. Bei stärkerer oder geringerer Feuchtigkeitssättigung verringert sich die Wärmeleitfähigkeit (LYKOW 1956). Versuche zur Bestimmung der Wärmeleitfähigkeit von Gesteinen und Ziegeln ergaben, daß diese in trockenen Materialien 1,5- bis 2mal geringer als im Rohmaterial ist.

Durch Untersuchungen an unterirdischen Wässern wurde festgestellt, daß sich bei der Kontaktmetamorphose die flüssigen und dampfförmigen Lösungen unter einem Druck befinden, der seiner Größe nach zwischen dem hydrostatischen und dem Normaldruck liegt. In Verbindung mit den bekannten Ergebnissen von GORANSON u. a. erhält man aus der Wasserlöslichkeit des granitischen Magmas verschiedene Tiefenangaben. Die Werte der hypabyssischen Intrusionen sind danach bedeutend niedriger, als allgemein angenommen.

Die untersuchten realen geologischen Bewegungszustände bei der Kontaktmetamorphose erfolgten im magmatischen Stadium, für ihre Erklärung wurden die Gesetze der Molekularphysik angewendet. Der Autor gelangte dabei zu dem Schluß, daß im Verlauf der Kontaktmetamorphose keine bedeutende einseitig gerichtete Umlagerung der im Gestein befindlichen Feuchtigkeit erfolgt; es finden aber ununterbrochen lokale differenzierte Umlagerungen statt. Das spricht für einen durch den Einfluß des Intrusionskörpers auf das feuchte Nebengestein bedingten Temperaturabfall, wobei zum Intrusionskörper gerichtete Feuchtigkeits-Thermodiffusionsströme entstehen; dadurch tritt wiederum ein Feuchtigkeitsgradient auf, der bei den Bedingungen der Feuchtigkeits-Diffusionsströme nach der Seite geringerer Feuchtigkeit gerichtet ist.

[1)] Aus: „Geologija rudnych mestoroshdenij", H. 3, 1960, S. 5—27

In Abhängigkeit von seiner Größe sind im gesamten Nebengestein Tendenzen zur Bildung von Feuchtigkeits-Thermodiffusions- oder Gegendiffusionsströmen vorhanden, die von einseitig gerichteten Temperatur- und Feuchtigkeitsgradienten hervorgerufen werden. Es erfolgt so ein ständiger Austausch zwischen Porenlösung und Umgebung und dadurch eine einseitige intensive Stoffübertragung vom erwärmten zum kalten Gebiet. Die Umlagerung von Substanzen erfolgt durch diese differenzierten Ströme mit viel größerer Intensität als auf dem Wege der gewöhnlichen Wärmeleitung.

Die Feuchtigkeitsumlagerung wird durch das Verhältnis des Feuchtigkeitsleitfähigkeitskoeffizienten k und des Wärmeleitfähigkeitskoeffizienten δ bestimmt. In Abhängigkeit davon überwiegt im betreffenden Gebiet eine Umlagerung der Feuchtigkeit durch Diffusion nach der Wärmequelle, oder die Feuchtigkeitsübertragung erfolgt in umgekehrter Richtung. Die dafür gültigen Gleichungen können sowohl positive als auch negative Werte ergeben, wodurch die Kompliziertheit dieser Prozesse unterstrichen wird. Im ersten Stadium der Prozesse, beim Anstieg der Temperatur im Nebengestein, überwiegen — bedingt durch starke Temperaturgradienten — die Vorgänge der Feuchtigkeits-Thermodiffusion, später, in der Periode der Erkaltung des Intrusivkörpers, überwiegt die von den Feuchtigkeitsgradienten hervorgerufene Diffusion. Zwischen den beiden Strömungsrichtungen stellt sich ein veränderliches Gleichgewicht ein, das in den Randgebieten durch Wärmerückgang, chemische Reaktionen, Verdampfung oder Kondensation ununterbrochen gestört wird.

Die Geschwindigkeit der Abkühlung von Intrusionskörpern wurde wiederholt nur auf der Grundlage der Wärmeleitung der Gesteine bestimmt (LANE, KÖNIGSBERGER, INGERSOLL, SOBEL u. a.). Danach schreitet die Abkühlung nur sehr langsam fort und währt einige (bis zehn) Millionen Jahre. Da man die Berechnung des Wärmeaustausches im feuchten Gestein nicht nach der viel intensiveren Wärmefeuchtigkeitsleitung durchführte, haften den vorgenommenen Berechnungen der Intrusiverkaltungszeiten nach Ansicht des Autors einige ernste Fehler an. Die Werte sind nach seiner Auffassung um das 2—3fache zu hoch.

Bedeutung bei der Kontaktmetamorphose können auch die aus dem Intrusiv in das Nebengestein oder umgekehrt wandernden flüchtigen Komponenten, einschließlich des Wassers, besitzen. Das ist vom Grad der Feuchtigkeitssättigung des primären Magmas und von der jeweiligen Tiefe abhängig. Die Analyse der geologischen Fakten und die zum Teil geringe Übernahme magmatischer Komponenten bei der Metamorphose durch das Nebengestein, aber auch die Merkmale des meist geringen Wassergehaltes im granitischen Magma sprechen dafür, daß bedeutende einseitig gerichtete magmatogene oder exogene Feuchtigkeitsströmungen während der Kontaktmetamorphose nicht stattfinden.

Bei der Kontaktmetamorphose kann durch die größere Dauer der Vorgänge eine starke Thermodiffusion der flüchtigen wäßrigen und der gasförmigen Lösungskomponenten mit unterschiedlichen Molekulargewichten erfolgen. Diese Prozesse können durch die Wirkung, z. B. von Wasserstoff und Wasserdampf, welche die Tendenz zur Anreicherung in den heißesten Teilen des Systems (d. h. im Intrusiv) besitzen, eine sehr große Bedeutung für die Erklärung der verschiedenen postmagmatischen Prozesse gewinnen.

Mit zunehmender Erhöhung der Nebengesteinstemperatur und der in den Poren eingeschlossenen Lösungen muß das Wasser im angrenzenden Nebengestein in den dampfförmigen oder überkritischen Zustand übergehen. Die Gesteine der inneren Kontaktzone machen in diesen Lösungen offensichtlich eine außerordentlich intensive Umkristallisation durch (Hornfelszone). In den entfernteren Zonen bleiben die wäßrigen Lösungen flüssig, wobei die Metamorphose des Nebengesteins einen geringeren Grad erreicht (Tongesteine → Fleckschiefer).

Über die Bindung des Germaniums an die petrographischen Komponenten der Kohlen[1]

W. M. RATYNSKIJ & L. E. SCHTERENBERG, UdSSR

Die Bindung des Germaniums an Vitrit stellte W. M. RATYNSKIJ schon 1943 fest. Die Bestimmung der petrographischen Komponenten der Kohle erfolgte dabei rein visuell, die Abtrennung der für die Analyse notwendigen Menge Vitrit unter dem Binokular.

Später wurde dann in zahlreichen Arbeiten die Verbindung des Vitrits oder vitritisierter Substanzen mit Germanium behandelt (L. HORTON & R. V. AUBREY 1950; M. OTTE 1953; A. B. TRAWIN 1957; MUTA 1957; K. J. WOLKOW 1958; S. A. GORDON, K. J. WOLKOW & M. A. MENKOWSKY 1958).

Zum vitritisierten Stoff oder Vitrit rechnet man gewöhnlich Xylit, Xylovitrit, Vitrit und eine gelifizierte Grundmasse. Um die Bedeutung aller petrographischen Grundkomponenten und Mineralsubstanzen als Germaniumträger in Braun- und Steinkohle zu präzisieren, wurden Durchschnittsproben von Braun- und Steinkohlen aus mehreren Lagerstätten untersucht. Zuerst wurde die zerkleinerte Kohlenprobe mit Schwereflüssigkeiten in Fraktionen verschiedener Dichte getrennt (I. I. AMMOSSOW 1950). Von den einzelnen Fraktionen, deren petrographische Zusammensetzung sich gesetzmäßig in Übereinstimmung mit ihrem spezifischen Gewicht verändert, wurden nun die petrographische Zusammensetzung und der Germaniumgehalt bestimmt.

Zur petrographischen Untersuchung wurden unbedeckte Dünnschliffe vorbereitet, an denen Beobachtungen im Auf- und Durchlicht möglich waren. Die Auszählung der petrographischen Komponenten und Mineralstoffe erfolgte mit dem Integrationstisch nach der Linienmethode. Mikroskopisch wurden folgende Komponenten der Kohlensubstanz bestimmt: Xylit und Xylovitrit, Vitrit, gelifizierte Grundmasse, schwach fusitische (braune) Komponenten, Fusit und

[1]) Aus: „Doklady Akad. Nauk SSSR", Bd. 130, Nr. 1, 1960, S. 180—183 (etwas gekürzt).

Vergleich des Germaniumgehalts und der Kohlenkomponenten in Braun- und Steinkohlen zahlreicher Lagerstätten

Probennummer	Kohleart	Dichte der abgetrennten Fraktionen	Aschegehalt bei 550°, in %	Germaniumgehalt in %		Abgetrennte Komponenten und ihr Anteil in %											
				in der Asche	in der Kohlensubstanz	Vitrit	Xylit, Xylovitrit	gelifizierte Grundmasse	Fusit, fusitisierte Komponenten	braune, schwach fusitische Kompon.	Sporen und Harze	undurchsichtige Masse und Vitritofusit	Kutikulen	Pyrit	Quarz	Karbonate	Tonminerale
1.	Braun-	< 1,40	3,73	0,36	0,0134	78	9	4	9	7	2	–	–	Sp.	–	–	–
	kohle	> 1,40	27,55	0,01	0,0028	13	6	30	2	40	0,5	1	0,5	2	2	1	2
2.	Braun-	< 1,40	6,08	1,15	0,0700	36	21	4	6	30	2	–	–	< 0,5	–	–	–
	kohle	1,45 – 1,50	8,12	0,037	0,0030	< 0,5	54	< 0,5	1	40	2	–	–	< 0,5	–	–	< 1
		> 1,60	42,56	0,006	0,0025	3	45	2	7	36	1	–	–	2	–	3	1
3.	Stein-	< 1,25	0,85	0,075	0,0006	2	–	79	0,5	0,5	14,5	0,5	2,5	0,5	–	–	Sp.
	kohle	1,25 – 1,26	0,85	0,094	0,0008	14	–	73	1	–	8	2	1	0,5	–	–	0,5
		> 1,60	55,05	0,001	0,0005	4	1	54	3	3	2	5	–	10	–	12	6
4.	Stein-	< 1,40	6,16	0,012	0,0007	9	3	34	–	1	52	–	< 1	Sp.	–	–	–
	kohle	1,42 – 1,45	8,99	0,020	0,0018	60	17	10	Sp.	3	7	–	–	1	–	–	2
		1,50 – 1,55	14,05	0,005	0,0007	53	22	7	1	9	7	–	–	Sp.	–	1	Sp.
		> 1,60	39,26	< 0,001	< 0,0004	3	4	50	9	7	3	–	–	7	–	5	12

Xylovitritofusit, Vitritofusit und undurchsichtige (opake) Masse, Sporen, Harze, Kutikulen. Von den Mineralien wurden bestimmt und ausgezählt: Pyrit, Quarz, Karbonate und Tonminerale. Nach Veraschen der Kohle bei 550 °C wurde in der Asche das Germanium durch die quantitative Spektralanalyse bestimmt (W. M. RATYNSKIJ 1946).

Die petrographische Zusammensetzung, der Mineralinhalt und der Germaniumgehalt sind aus der Tab. ersichtlich. Bei der Untersuchung der Braunkohle wurde eine Probe in zwei Teile getrennt, eine zweite Probe in zahlreiche Fraktionen verschiedener Dichte, von denen die leichteste (< 1,40), eine mittlere (1,40—1,50) und die schwerste (> 1,60) untersucht wurden. Auch die dritte Probe, eine Steinkohle, wurde in verschiedene Fraktionen geteilt; zur Untersuchung wurden die leichteste (< 1,25), eine der mittleren (1,25—1,26) und die schwerste (> 1,60) Fraktion ausgewählt. Die Steinkohle der 4. Probe wurde ebenfalls in viele Fraktionen unterschiedlicher Dichte geteilt, von denen vier untersucht wurden (s. Tab.).

Gesetzmäßig für die untersuchten Proben ist ein bevorzugtes Auftreten der Sporenexine, Kutikulen und Harze in den leichtesten Fraktionen, in den schwersten Fraktionen sind besonders primär oxydierte Komponenten[2]) der Fusitgruppe und Mineralien angereichert. Ein Vergleich des Germaniumgehaltes mit der petrographischen Zusammensetzung der einzelnen Fraktionen erlaubt die Folgerung, daß Germanium an bestimmte petrographische Komponenten der Kohle, hauptsächlich an Vitrit, gebunden ist. Für die Kohle der 1. und 2. Probe wurde ein Maximalgehalt an Germanium in den leichtesten Fraktionen festgestellt. Diese Fraktionen sind gleichzeitig durch einen Maximalgehalt an Vitrit gekennzeichnet und haben einen minimalen Aschegehalt. Die Analysenwerte der Proben 3 und 4 weisen auch auf eine Bindung des Germaniums an Vitrit hin. In den untersuchten Proben tritt der Maximalgehalt an Germanium und auch an Vitrit nicht in den spezifisch leichtesten Fraktionen, sondern in den ihnen benachbarten auf, obgleich diese nicht den minimalen Aschegehalt aufweisen. In den leichtesten Fraktionen ist der minimale Aschegehalt durch den erhöhten Gehalt an Sporen und Harzen bedingt, die keine maximale Germaniumkonzentration haben. Außer mit Vitrit ist Germanium in den untersuchten Kohlen in großem Maße sowohl mit anderen, primär nicht oxydierten Komponenten als auch mit den primär oxydierten verbunden.

Das bearbeitete Material gestattet folgende Schlüsse:

1. Die Anreicherung des Germaniums in Kohlen ist an den organischen Teil gebunden. Die Mineralkomponenten enthalten keine erhöhten Mengen an Germanium.

2. Die verschiedenen Komponenten der Kohlensubstanz weisen unterschiedliche Germaniumgehalte auf.

3. Hauptträger des Germaniums in Kohlen sind die primär nicht oxydierten Komponenten des organischen Kohlenanteils (Vitrit, Xylit und Xylovitrit, gelifizierte Grundmasse).

4. Unter den primär nicht oxydierten Komponenten ist das Germanium in weitaus größerem Maße an die Komponenten der Vitritgruppe gebunden als an die anderen Komponenten der Kohle.

5. Vitrit der Kohlen verschiedener Lagerstätten ist unterschiedlich mit Germanium angereichert.

6. In den verschiedenen Fraktionen einer vorher gemittelten Kohlenprobe unterscheidet sich der Vitrit erheblich nach dem Gehalt an Germanium. Wahrscheinlich sind einzelne, bestimmte Komponenten der Vitritgruppe für eine maximale Konzentration des Germaniums in den Kohlen verantwortlich zu machen.

7. In den Durchschnittsproben der Braun- und Steinkohlen aller untersuchten Lagerstätten wurde der maximale Germaniumgehalt in den Fraktionen mit dem größten Vitritanteil ermittelt. Der Germaniumgehalt hat hier nicht nur in der Asche sein Maximum, sondern auch in den kohligen Substanzen.

8. Die Kutikulen, Sporen, Harze haben für die Germaniumanreicherung in den Kohlen nur untergeordnete

[2]) Nach der bei uns angewendeten mikropetrographischen Nomenklatur ist diese Unterteilung in primär und sekundär oxydierte Komponenten nicht üblich. (Die Red.)

Bedeutung. Der minimale Ascheanteil in Komponenten der Exinitgruppe ist nicht mit einem maximalen Germaniumgehalt verbunden.

9. Eine detaillierte Untersuchung der Komponenten der Vitritgruppe, aber auch des primär nicht oxydierten Stoffes im ganzen, ermöglicht es wahrscheinlich am ehesten, den Vorgang der Anreicherung und auch die Art der Bindung des Germaniums in den Kohlen zu klären.

Literatur

AMMOSSOW, I. I.: Arb. 1 der Allunionsberatung 1950.
GORDON, S. A., K. J. WOLKOW & M. A. MENKOWSKY: Geochemie, 4, 384 (1958).
HORTON, L. & R. V. AUBREY: J. Soc. Chem. Ind., 69, 41, London 1950.
MUTA: Ref. J. Chem., 1957, Referat 71 421.
OTTE, M.: Chemie der Erde, 16, 239 (1953).
RATYNSKIJ, W. M.: Ber. Akad. Wiss. UdSSR, 40, Nr. 5, Moskau 1943.
— Arb. des Biogeochem. Labor. Akad. Wiss. UdSSR, 8 (1946).
TRAWIN, A. B.: Isw. Wost. Fil. Akad. Wiss. UdSSR, 1 (1957).
WOLKOW, K. J.: Materialien über die geologischen und nutzbaren Bodenschätze der zentralen Bezirke des europäischen Teils der UdSSR, 1 (1958).

Wassereinbrüche im Mansfelder Kupferschieferbergbau[1)]

SIEGFRIED LORENZ, Eisleben

1. Einleitung

In der Geschichte des Mansfelder Bergbaues wurden häufig Grubenfelder durch plötzlich hereinbrechende Wassermassen aus dem Hangenden des Kupferschieferflözes unter Wasser gesetzt und somit die Sicherheit des Bergmannes und die Produktion gefährdet. Nach dem letzten Wassereinbruch im Jahre 1958 wurde erstmalig ein hydrogeologischer Maßnahmeplan, der geologische und technische Aufgaben umfaßt, erarbeitet. Im folgenden soll über die Erfüllung eines Punktes des geologischen Teiles dieses Maßnahmeplanes berichtet werden. Verf. erhielt den Auftrag[2)], Material über in der Literatur behandelte Wassereinbrüche im Mansfelder Kupferschieferbergbau zusammenzustellen und auf evtl. auftretende Gesetzmäßigkeiten auszuwerten[3)].

Wie das Studium der Literatur zeigte, erfolgten seit 1884 elf Wassereinbrüche. Die Auswertung muß sich auf acht derselben beschränken, da über drei kleinere fast nichts bekannt ist. Die Örtlichkeiten der Wassereinbrüche sind aus der Abb. 1 zu ersehen.

Zur Ergänzung der folgenden kurzen Charakteristik der einzelnen Wassereinbrüche dient eine tabellarische Übersicht über die Zuflußmenge, Zuflußdauer und den Chemismus des Wassers und die Niveaus der Einbruchstellen.

2. Kurze Charakteristik der Wassereinbrüche

Wassereinbruch im Jahre 1884

Örtlichkeit

Ottoschacht, a) dicht unterhalb der 2. Sohle am Rücken zwischen Flachen II und III; b) oberhalb der 2. Sohle im Erdmannschächter „Flözgraben".

Die zweite Einbruchstelle ließ sich auf Grund unzureichender Ortsbeschreibung nicht mehr genau lokalisieren.

Geologische Situation

Die beiden Einbruchstellen liegen außerhalb der Staßfurtsteinsalzbedeckung im Niveau des Zechsteinkalkes. Die damalige Verbreitungsgrenze des Werrasteinsalzes, die hier im Martinsschächter Flözgraben zum Ausgehenden hin ausbuchtete, verlief in unmittelbarer Nähe. In der Zeit von 1892 bis etwa 1900 wurde das Werrasteinsalz in diesem Gebiet zum großen Teil abgelaugt. Die untere Einbruchstelle befindet sich an einer Verwerfung.

Erdoberflächenerscheinungen

Anfang 1884 bildete sich nördlich der heutigen Karl-Liebknecht-Hütte ein Erdfall, der zusammen mit den ihn umgebenden Absenkungen eine Fläche von 7500 m² erreichte. Fast 14 Tage darauf traten östlich davon Erdrisse von über 100 m Länge auf.

Bergbautechnische Situation

Der Wassereinbruch erfolgte an zwei Stellen, die beide im Abbaufeld liegen.

Wassereinbruch im Jahre 1889

Örtlichkeit

Max-Lademann-Schacht, nördlich Ottoschächter Förderquerschlag, in und oberhalb der 4. Sohle.

Geologische Situation

Die beiden Einbruchstellen liegen außerhalb der Staßfurtsteinsalzverbreitung, am Rande des Werrasteinsalzes und in der Nähe des Martinsschächter Flözgrabens. Der Wassereinbruch erfolgte im Niveau des Zechsteinkalkes.

Bergbautechnische Situation

Die Wässer traten an der Strebkante oberhalb der 4. Sohle und im „Pferdestall" in der 4. Sohle aus. Vermutlich bildeten sich durch schlechte Strebführung starke Zerrüttungen im Hangenden.

Wassereinbruch im Jahre 1892

Örtlichkeit

Max-Lademann-Schacht, ca. 150 m südlich des Ottoschächter Querschlages in der 4. Sohle.

Geologische Situation

Die Einbruchstelle befindet sich innerhalb der Verbreitung des Werrasteinsalzes und außerhalb des Staßfurtsteinsalzes. Der Wassereinbruch erfolgte an der Stelle, wo durch die 4. Sohle im Martinsschächter Flözgraben das Werrasteinsalz angefahren wurde. Nach dem Sümpfen der Grubenfelder bis zur Einbruchstelle zeigte sich, daß ein großer Teil des Werrasteinsalzes, das im Martinsschächter Flözgraben zum Ausgehenden hin ausbuchtet, abgelaugt war.

Erdoberflächenerscheinungen

Die jeden größeren Wassereinbruch begleitenden bzw. ihm folgenden Erdbewegungen wurden durch einen Gebirgsschlag am 11. Sept. 1892 im Untergrund der Stadt Eisleben eingeleitet. Zahlreiche Erderschütterungen folgten darauf und hielten bis März 1901, also über acht Jahre lang, an. Dabei fielen die Maxima der Erschütterungen vorwiegend mit denen der gehobenen Wassermengen zusammen (Abb. 2).

Der Grund für das Abklingen der Erderschütterungen im Gebiet von Eisleben liegt in einem Wassereinbruch auf dem Hans-Seidel-Schacht, wodurch sich im Juli 1900 die Ausbruchstelle und somit auch der Ablaugungsort weiter nach Norden in die Gegend westlich von Volkstedt verlagerte.

Die ersten größeren Erdsenkungen begannen im Winter 1892/93. Nach den vom 9. Aug. 1894 bis 23. Okt. 1896 durchgeführten Nivellements lassen sich folgende drei Senkungszentren aushalten (RICHTER 1898): 1. Gebiet Annenkirche. Gemessene Maximalabsenkung 0,67 m; 2. Gebiet Zeißingstraße. Gemessene Maximalabsenkung 2,47 m; 3. südlich der „Bösen Sieben" (Rammberg und Rammtorstraße). Gemessene Maximalabsenkung 3,43 m.

---

1) Eingang des Manuskripts in der Redaktion: 20. 1. 1962.

2) Für Hinweise und Unterstützung dankt Verf. Dr. JUNG, Dipl.-Geol. REMUS und Geol.-Ing. LIEBISCH.

3) Als besonders wertvoll muß von Dipl.-Geol. BUSCH ausgewähltes und als Abschrift im VEB Mansfeld-Kombinat „Wilhelm Pieck" vorliegendes Archivmaterial erwähnt werden.

Die gemessenen Maximalabsenkungen wanderten während der einzelnen Meßphasen wie folgt:

Gebiet Annenkirche nach NW; Gebiet Zeißingstraße unerheblich nach N; Gebiet Rammberg nach S.

Erdfälle aus dieser Zeit sind im Stadtgebiet von Eisleben und der näheren Umgebung nicht bekannt.

Herkunft der eingebrochenen Wasser

Durch diesen Wassereinbruch traten Oberflächen- und Grundwasser aus dem Südteil der Mansfelder Mulde in die Grubenbaue ein. Zur gleichen Zeit, als Anfang Mai 1892 die Wasser in den Grubenbauen stiegen, wurde ein Absinken des ehem. Salzigen Sees festgestellt. Daß dabei die Zeiträume der Erhöhungen der Wasserstände in den Grubenbauen und die Absenkungen des Seespiegels zusammenfallen, läßt sich aus den zur damaligen Zeit durchgeführten Messungen entnehmen (Abb. 2). Es dürfte also kein Zweifel darüber bestehen, daß Wasser des ehem. Salzigen Sees in die Grubenbaue gelaufen ist. Erdfälle und Erdrisse, die auf den Zuflußweg vom Salzigen See zur Einbruchstelle hinweisen, wurden lediglich von LUDWIG erwähnt. Er schreibt:

„Fernerhin sind in der Kette der Folgeerscheinungen des 1889er Durchbruches noch verschiedene Erdfälle und ein ganzes System von kilometerweit zu verfolgenden Erdspalten zu erwähnen, welche oberhalb des Süßen Sees in den Jahren 1894 bis 1896 entstanden, eine deutlich erkennbare grabenförmige Vertiefung begrenzen, deren Verlauf fast genau in die Verlängerung des Martinschächter Flözgrabens fällt. Diese Bewegungen an der Tagesoberfläche sind von mir auch noch im Frühling 1900 beobachtet worden."

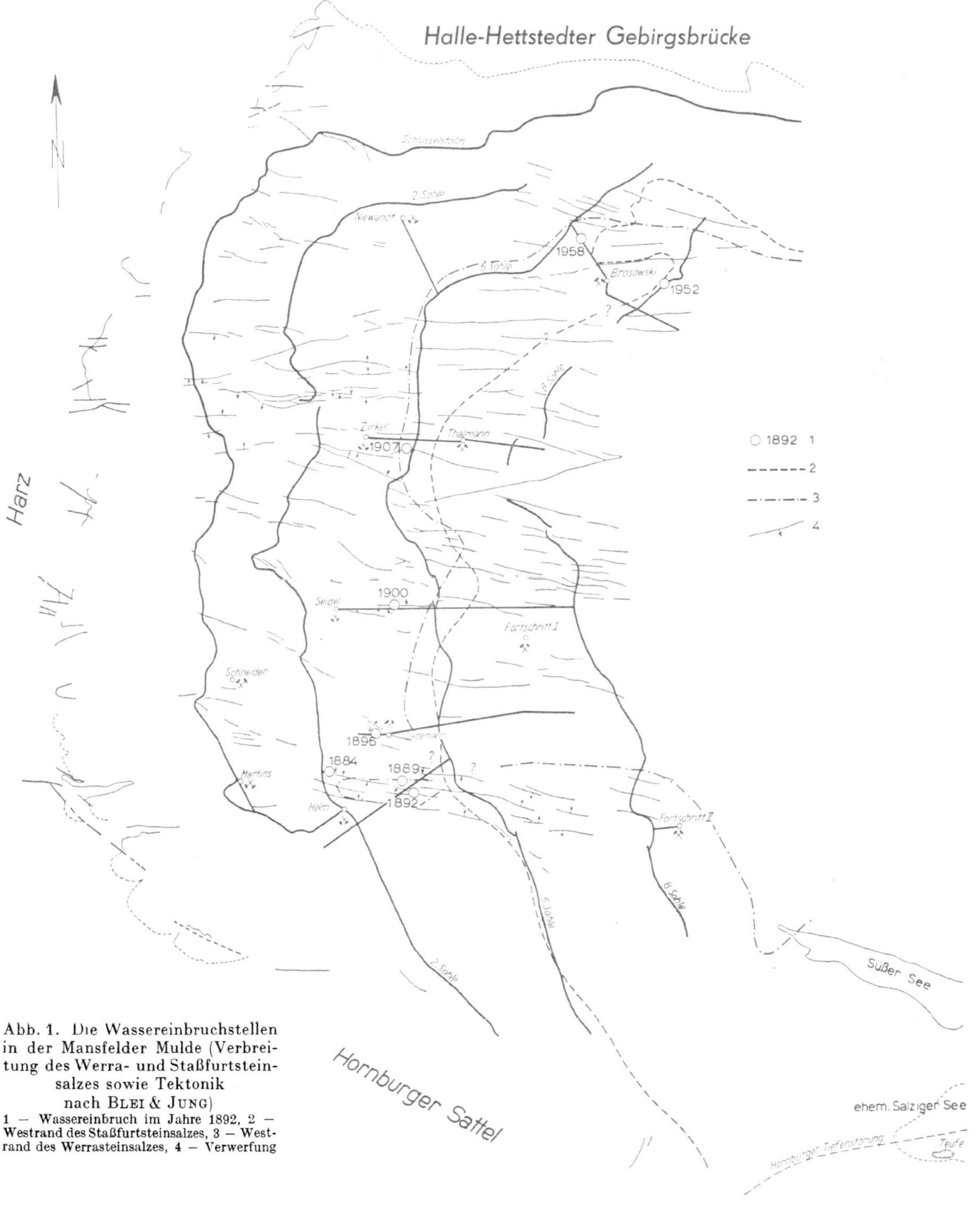

Abb. 1. Die Wassereinbruchstellen in der Mansfelder Mulde (Verbreitung des Werra- und Staßfurtsteinsalzes sowie Tektonik nach BLEI & JUNG)

1 – Wassereinbruch im Jahre 1892, 2 – Westrand des Staßfurtsteinsalzes, 3 – Westrand des Werrasteinsalzes, 4 – Verwerfung

Die für März 1894 zum Auspumpen des restlichen Salzigen Sees vorgesehenen Pumpen kamen kaum zum Einsatz (ULE). Es muß also fast das gesamte Wasser, das zusammen mit den ständigen Zuflüssen zum See etwa 75 Mill. m³ betrug, in die Grubenbaue geflossen sein. Durch den Wassereinbruch liefen jedoch ca. 123 Mill. m³ in die Grubenbaue, woraus sich eine Differenz von 48 Mill. m³ ergibt. Da bekannt ist, daß in der Zeit des Wassereinbruchs fast alle Brunnen der im Südteil der Mansfelder Mulde liegenden Gemeinden versiegten, läßt sich ein Teil dieser Differenz mit dem z. T. ganz verschwundenen Grundwasser dieses Gebietes erklären. Ein sicher nicht unerheblicher Teil dürfte aus dem Zechsteingebirge stammendes Schlottenwasser des Bereiches von — 30 m NN bis — 130 m NN sein (Abb. 4).

Wassereinbruch im Jahre 1896

Örtlichkeit

Querschlag von der 3. Sohle zum Max-Lademann-Schacht bei 340 m.

Geologische Situation

Die Einbruchstelle liegt im Niveau des Unteren Werra-anhydrits an einer Störung. Die Verbreitung des Werra- und Staßfurtsteinsalzes beginnt 600 m bzw. 1100 m östlich der Einbruchstelle.

Erdoberflächenerscheinungen

Erdfälle und Erdabsenkungen sind über der Einbruchstelle nicht bekannt.

Bergbautechnische Situation

Um den Wasserstand, der, bedingt durch den 1892er Wassereinbruch, anstieg, im Max-Lademann-Schacht abzusenken, sollte ein Querschlag in Richtung Schachtröhre gefahren werden. Unerwartet trat bei 340 m Streckenlänge aus einem Vorbohrloch in der Firste Wasser aus. Der Querschlag mußte daraufhin durch einen Damm abgekapselt werden.

Wassereinbruch im Jahre 1900

Örtlichkeit

Hans-Seidel-Schacht, 4. Sohle, Schlottenaufsuchungs-querschlag.

Geologische Situation

Die Wasser traten aus dem Niveau des Werrasteinsalzes aus, das an einer Störung mit mehreren Meter Sprunghöhe hier noch als Rest vorliegt. Die Einbruchstelle liegt jedoch außerhalb der eigentlichen Werra- und Staßfurtsteinsalzverbreitung. An der Einbruchstelle befindet sich eine Schlotte, deren Wandungen mit bis 15 cm großen (Kantenlänge) Gipskristallen bedeckt sind. Die Schlotte bildete sich während des Wassereinbruchs durch Ablaugung des Werrasteinsalzes. Da die Einbruchstelle durch ein Dammtor abgedämmt werden konnte, war es möglich, die Ausflußmengen zu regeln. Vermutlich entstanden während des langsamen Abzuges des Wassers an den Wandungen die Gipskristalle (FULDA 1912).

Erdoberflächenerscheinungen

Bereits drei Monate nach dem Wassereinbruch wurden die ersten Erderschütterungen westlich von Volkstedt, also über der Einbruchstelle, wahrgenommen. Wie beim Wassereinbruch 1892, so fallen auch hier die Maxima der Erschütterungen mit erhöhter Pumpentätigkeit zusammen. Messungen über Erdabsenkungen in diesem Gebiet sind nicht bekannt. Es liegen jedoch Meldungen über Häuserbeschädigungen in Volkstedt vor, die auf solche hinweisen.

Bergbautechnische Situation

Vom Niveau der 4. Sohle wurde ein Querschlag ins Hangende gefahren. Es sollte der durch den Wassereinbruch 1892 entstandene Wasserstand niedergezogen werden. Hierbei wurde Wasser angebohrt, das man nach dem Abdämmen der Einbruchstelle durch einen Schieber geregelt ablaufen ließ.

Zuflußmengen, -dauer, Chemismus und Niveaus der Wassereinbrüche

Wasser-einbruch (Jahr)	Stratigr. Horizont d. Einbruchstellen	Niveau der Einbruchstellen, bezogen auf NN m	Insgesamt ausgefloss. Wassermengen Mill. m³	Dauer der Schüttung	Maximale Schüttung in m³/min	Zeitraum d. maximalen Zuflusses	Restzufluß in m³/min	Maximaler Wasserstand in den ersoffenen Grubenbauen NN	Zeitraum vom Beginn d. Erhöhung bis zum Maximalzufl.	Chemismus des eingebrochenen Wassers
1884	Ca1	— 25	12,7	März 1884 bis Juli 1886, 29 Monate	16	?	11,4	+ 30	6 Monate	Vor Wassereinbruch Süßwasser- u. Salzwassertraufen. Während d. Wassereinbruchs nur stark salzhaltiges Wasser
1889	Ca1	—170	270 (v. 1889 bis 1900 gehobene Wassermengen)	Juli 1889 bis Okt. 1900, 11 Jahre u. 4 Monate	22	?	20,0	Einbruchstelle wurde abgedämmt	wenige Tage	Vor Wassereinbruch Süßwassertraufen. Während des Wassereinbruchs Wasser stark salzhaltig
1892	Na1	—172		Mai 1892 bis 1902, ca. 10 Jh.	ca. 80	?	11,5	+ 10	?	Salzgehalt änderte sich proportional der Zuflußmenge
1896	A1(u)	—109	10,4	Juli 1897 bis Apr. 1898, 10 Monate	21	10 Monate	21,0	Einbruchstelle konnte abgedämmt werden	?	Wasser von Anfang an stark salzhaltig, Salzgehalt änderte sich proportional der Zuflußmenge
1900	Na1	—172	?	Juli 1900 bis Okt. 1907, Dez. 1907 bis Febr. 1908	60	?	21,5	Einbruchstelle konnte abgedämmt werden	sofort	Wasser von Anfang an stark salzhaltig, Salzgehalt änderte sich proportional der Zuflußmenge Verhältnis $CaO:SO_3 = 0{,}45$
1907	Ca1	—230	340 (bis 31. 12. 1960)	permanent	30	3—4 Monate	15—20	—150	14 Tage	Wasser von Anfang an stark salzhaltig, Salzgehalt änderte sich proportional der Zuflußmenge Verhältnis $CaO:SO_3 = 0{,}25$
1952	Ca1	—486	0,65 (ohne Restzufluß)	permanent	19	29 Tage	ca. 4		über 5 Std.	Wasser von Anfang an stark salzhaltig Verhältnis $CaO:SO_3 = 0{,}37$
1958	Na1 und Ca1?	—235 —280	0,80 (ohne Restzufluß)	permanent	1500—2000	30—60 Min.	3		über 2 Std.	Wasser von Anfang an stark salzhaltig Verhältnis $CaO:SO_3 = 0{,}54$

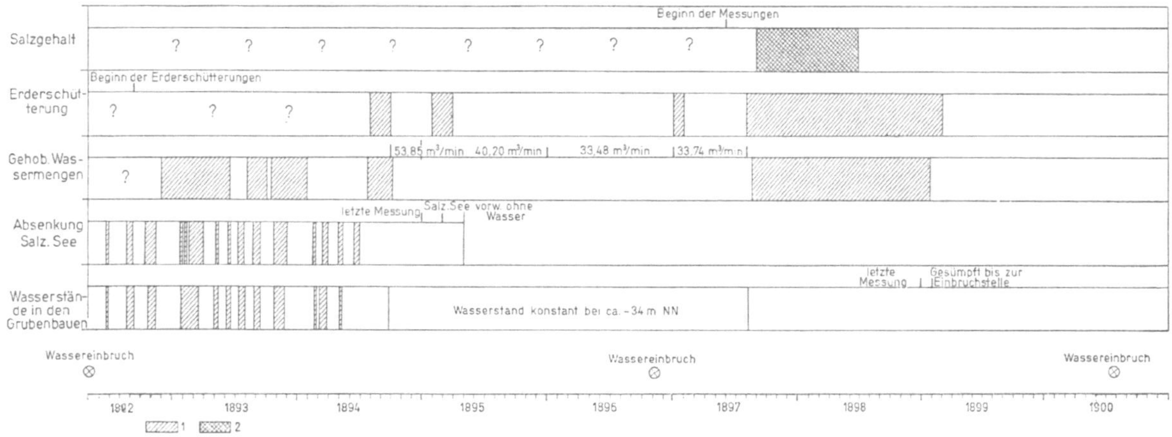

Abb. 2. Wassereinbruch im Jahre 1892, schematische Übersicht

1 – Zeitraum besonders hohen Wasserstandes, starker Seespiegelabsenkung, starker Wasserhaltung, zahlreicher Erderschütterungen; 2 – Zeitraum niedriger Salzgehalte

Wassereinbruch im Jahre 1907

Örtlichkeit

Zirkelschacht, 5. Sohle, G-Flachen.

Geologische Situation

Der Wassereinbruch erfolgte im Niveau des Zechsteinkalkes. Die Einbruchstelle liegt ca. 450 m außerhalb des Staßfurt- und am Rand des Werrasteinsalzes in einem Gebiet der Mansfelder Mulde, wo Oberer Werraanhydrit, Stinkschiefer, Basalanhydrit und Hauptanhydrit primär fehlen (BLEI & JUNG, im Druck).

Erdoberflächenerscheinungen

Im Bereich dieses permanenten Wassereinbruchs befinden sich über Tage zahlreiche Absenkungsgebiete. Es werden hier, an der F 180, von der Hauptmarkscheiderei des Mansfeld-Kombinates regelmäßig Feinnivellements durchgeführt. In einem Zeitraum von ca. $5^3/_4$ Jahren wurden Absenkungen bis 1,15 m gemessen.

Bergbautechnische Situation

Vor dem Wassereinbruch wanderten einige Salzwassertraufen, die vor Streb auftraten, in die Sohlenstrecke, um dort bald an Zufluß zuzunehmen und sich zu einem Wassereinbruch zu entwickeln. Noch heute treten in diesem Gebiet ca. 15–20 m³/min stark salzhaltige Wasser aus. Dieser permanente Wassereinbruch ist insofern zu beherrschen, als das Wasser durch Zugangsstrecken in die Ritzstrecke der 5. Sohle laufen kann.

Wassereinbruch im Jahre 1952

Örtlichkeit

Otto-Brosowski-Schacht, Flügel 27, oberhalb und in der 8. Sohle.

Geologische Situation

Der Wassereinbruch erfolgte im Niveau des Zechsteinkalkes. Die Einbruchstelle liegt unter Werrasteinsalzbedekkung unmittelbar am Staßfurtsteinsalzrand. Hauptanhydrit fehlt primär in diesem Gebiet (BLEI & JUNG 1961). Die Sprunghöhen von zwei hier auftretenden Verwerfungen betragen nur wenige Zentimeter.

Erdoberflächenerscheinungen

Im Februar 1954 und im März 1958 entstanden ca. 1,4 km nordwestlich der Wassereinbruchstelle über Tage zwei Erdfälle.

Bergbautechnische Situation

Der Flügel 27 wurde in der Zeit von 1943 bis 1949 bebaut und vor dem Durchhieb mit dem Flügel 29 eingestellt. So besteht zwischen diesen beiden Flügeln ein Abbaupfeiler, dessen durchschnittliche Breite 28 m und dessen Länge 240 m beträgt. An der Einbruchstelle wurde mit ca. 40-m-Strebbögen gebaut.

Wassereinbruch im Jahre 1958

Örtlichkeit

Otto-Brosowski-Schacht, Querschlag 5. Sohle bei 780 bis 785 m und vermutlich auch oberhalb der alten 7. Sohle, nördlich Berg 3.

Geologische Situation

Der Wassereinbruch erfolgte im Niveau des Werrasteinsalzes. Die Einbruchstelle liegt innerhalb der Werrasteinsalz- und ca. 250 m außerhalb der Staßfurtsteinsalzverbreitung. 25 m südöstlich keilt das Werrasteinsalz aus und wird durch sein anhydritisches Äquivalent (JUNG 1959) vertreten, das auf 45 m Länge im Querschlag zu beobachten ist.

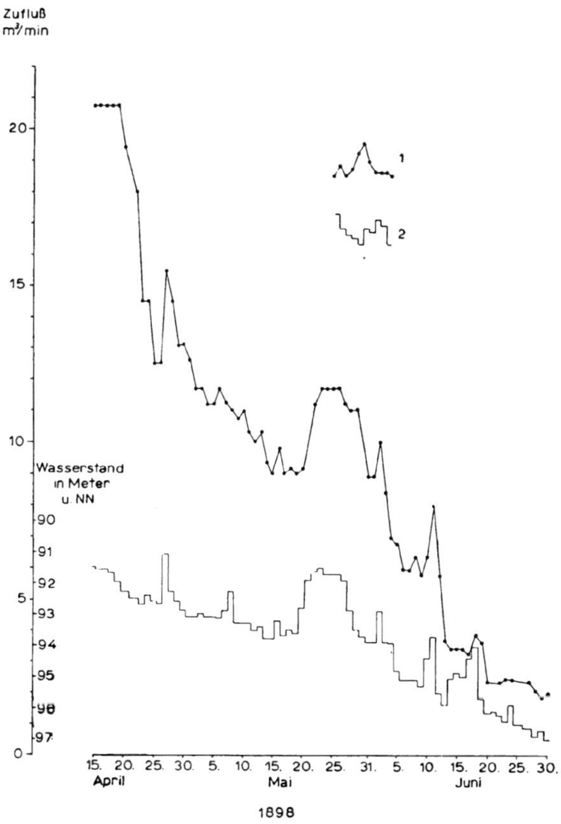

Abb. 3. Wassereinbruch vom 6. November 1896; Gegenüberstellung der Zuflüsse und Wasserstände in den Grubenbauen

1 – Zuflußmenge aus der 1896er Einbruchstelle, 2 – Wasserstände in den Grubenbauen durch den Wassereinbruch 1892

In der Nähe der Einbruchstelle liegen die Schichten in ungestörter Lagerung vor.

Erdoberflächenerscheinungen

Zahlreiche Gebirgsdrücke wurden während und nach dem Wassereinbruch registriert. Etwa 500 m nordöstlich der Einbruchstelle wurden über Tage in einem Zeitraum von $1^3/_4$ Jahren von der Hauptmarkscheiderei des Mansfeld-Kombinates Erdabsenkungen bis 0,25 m gemessen.

Bergbautechnische Situation

Die Einbruchstelle im Querschlag 5. Sohle liegt 35 m über dem Niveau des Kupferschieferflözes und etwa 250 m nordwestlich über einem 20000 m^2 großen kreisförmigen Abbaupfeiler. Die Ränder dieses Pfeilers wurden in den Jahren 1938 bis 1940 bebaut. Im Querschlag 5. Sohle sind Risse im Gestein zu beobachten, die vermutlich eine weitere Einbruchstelle im Niveau des Zechsteinkalkes darstellen.

3. Erkennbare Zusammenhänge und Regelmäßigkeiten

Recht deutliche Verbindungen zueinander zeigen die Wassereinbrüche in den Jahren 1889—1892, 1900 und 1907, die sich niveaumäßig, bedingt durch das Fortschreiten des Abbaues, in Richtung zum Muldentiefsten verlagerten. Dabei erfolgte ein Fortschreiten nach N entlang der Werrasteinsalzverbreitungsgrenze. Daß der Wassereinbruch im Jahre 1896 in Verbindung mit dem Wassereinbruch von 1892 steht und somit in diese Systematik einbezogen werden kann, geht aus einer Gegenüberstellung der Ausflußmenge aus der 1896er Einbruchstelle und den durch den 1892er Wassereinbruch bedingten Wasserstand in den Grubenbauen hervor (Abb. 3).

Als am 25. Juli 1900 im Schlottenaufsuchungsquerschlag des Hans-Seidel-Schachtes größere Wassermengen austraten, zeigte die Einbruchstelle 1889 im „Pferdestall" der 4. Sohle, die 20 m^3/min schüttete, einen merklichen Rückgang im Zufluß, so daß sie schließlich im Oktober 1900 versiegte. Ähnlich verhielten sich auch die Zuflußmengen der Wassereinbruchstelle von 1892, die sich allmählich von 11,5 m^3/min bis 1902 auf 0,12 m^3/min reduzierten.

Vor dem Wassereinbruch von 1907 im Südfeld des Zirkelschachtes betrug die Schüttung aus der Einbruchstelle von 1900 21,5 m^3/min; sie ging jedoch nach dem Wassereinbruch schnell von 21,4 m^3/min am 15. Oktober, 14,7 m^3/min am 16. Oktober 1907 auf nur wenige 100 l/min zurück. Nachdem die Grubengebäude im Februar 1908 bis über der 4. Sohle unter Wasser standen, stieg auch die Zuflußmenge auf 16 m^3/min an, um etwa einen Monat später, nach der Sümpfung bis zur 5. Sohle, wieder auf 281 l/min zurückzugehen.

Auffallend ist, daß bei dieser Verlagerung der Einbruchstellen nach einer anfänglichen maximalen Schüttung stets Restzuflüsse von ca. 20 m^3/min auftraten. So ist es nicht verwunderlich, daß, als auch der Wassereinbruch von 1952 einen Zufluß von 19 m^3/min brachte, sämtliche Einrichtungen zur Bekämpfung von evtl. auftretenden Wassereinbrüchen auf diese Schüttungsmenge eingerichtet wurden. Wie falsch dies war, zeigte der Wassereinbruch von 1958, wo fast 2000 m^3/min ausflossen. Diese Menge ist in der Geschichte der Wassereinbrüche in der Mansfelder Mulde ohne Beispiel.

Obwohl die Wassereinbrüche von 1952 und 1958 niveaumäßig tiefer liegen, ist kein Einfluß auf die Zuflußmenge des permanenten Wassereinbruchs von 1907 im Bereich des Zirkelschachtes bekannt. Der in einem ca. 1000 m von der Einbruchstelle von 1958 entfernten Hochbohrloch gemessene Druck zeigte nach dem Wassereinbruch von 1958 nur unwesentliche Veränderungen (vgl. KRUMMNACKER 1955 und KAUTZSCH 1956). Die Ursache dieser Unabhängigkeit der Wassereinbrüche im Otto-Brosowski-Schächter Feld voneinander und zu dem Wassereinbruch von 1907 im Westteil der Mansfelder Mulde liegt zum Teil in der starken tektonischen Zergliederung der N-Flanke.

In der Abb. 4 sind die Wasserstände in den Grubenbauen, die, bedingt durch Wassereinbrüche im W-Teil der Mansfelder Mulde, bis 1907 entstanden, dargestellt. Die Manometermessungen an den Dämmen der Wassereinbrüche, die abgekapselt werden konnten, wurden dabei berücksichtigt. Der Verlauf der Wasserstände zeigt, bis auf die Jahre 1892 und 1893, ein ständiges Fallen. Daß man dabei, auch unter Berücksichtigung des vorangeschrittenen Abbaus, von einer gewissen Entwässerung des W-Teils der Mansfelder Mulde bis zum Niveau der 4. Sohle sprechen kann, dürfte ohne Zweifel sein. Fraglich erscheint lediglich die Ausdehnung dieses Gebietes. Als sicher kann der Bereich zwischen der Einbruchstelle von 1892, also dem Martinsschächter Flözgraben, und der Einbruchstelle von 1907 angesehen werden. Als Schlußfolgerung ergibt sich, daß dieses Gebiet vom Ausgehenden des Zechsteins bis zum Niveau der 4. Sohle als hydrogeologisch weniger gefährdet bezeichnet werden kann.

Das Ansteigen der Wasserstände von 1892 und 1893 läßt sich durch das Eindringen des Wassers des ehem. Salzigen Sees und des Grundwassers aus diesem Gebiet erklären.

Läßt man diesen Anstieg unberücksichtigt, so zeigt sich, daß der Bereich von der 1. zur 2. Sohle in einem großen Zeitraum, der Bereich von der 2. bis unterhalb der 3. Sohle in einem geringeren und der Bereich oberhalb der 4. Sohle bis zur 5. Sohle in einer sehr kurzen Zeit entwässert wurden. Daß dabei die im Laufe der Jahre erhöhte Pumpenleistung eine Rolle spielt, dürfte feststehen, jedoch — und das läßt sich besonders bei dem zuletzt genannten Bereich beobachten — deutet dieser Verlauf der Kurve generell auf die Abnahme der Hohlräume und damit der Wasserführung in den Zechsteinschichten vom Ausgehenden bis zur Verbreitung des Werra- und Staßfurtsteinsalzes hin. Dabei muß jedoch gesagt werden, daß an den Steinsalzrändern im Bereich der Aktivauslaugung wiederum mit sehr starker Wasserführung zu rechnen ist.

Es lassen sich bei den beschriebenen Wassereinbrüchen folgende Regelmäßigkeiten feststellen:

1. Grundsätzlich lassen sich die Wassereinbrüche in drei Phasen unterteilen:

a) der Übergang von einer Traufe durch ständiges Steigen der Zuflußmenge zu einem Wassereinbruch;
b) der Zeitraum maximaler Schüttungen;
c) der Rückgang der Zuflußmenge, bis sie konstant oder gleich Null ist.

Dieser Ablauf des Wassereinbruchs wurde jedoch vorwiegend durch Abdämmen der Einbruchstelle in der zweiten Phase unterbrochen.

Das rechtzeitige Erkennen der ersten Phase ist ausschlaggebend dafür, ob der Wassereinbruch katastrophale Auswirkungen annimmt oder durch sofort getroffene Maßnahmen beherrscht werden kann.

Die im Niveau des Kupferschieferflözes liegenden Wassereinbrüche erfolgten nicht plötzlich. Sie wurden durch ein stetiges Ansteigen der Zuflußmengen einge-

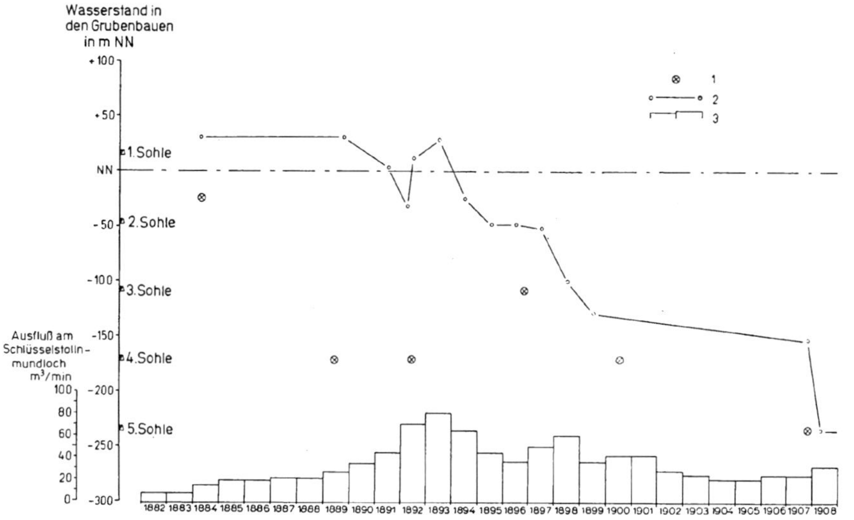

Abb. 4. Graphische Darstellung der maximalen Wasserstände in den Grubenbauen und Ausflußmengen am Schlüsselstolln-Mundloch

1 – Wassereinbruch, 2 – maximaler Wasserstand in den Grubenbauen, 3 – Ausfluß am Schlüsselstolln-Mundloch

leitet. Der Zeitraum bis zur maximalen Schüttung ist bei jedem Wassereinbruch verschieden; er schwankt zwischen mehreren Stunden und ca. sechs Monaten.

Schlußfolgernd hieraus muß auf die Notwendigkeit der Kontrolle jeder Traufe im Mansfelder Kupferschieferbergbau hingewiesen werden.

2. Die größten Wassereinbrüche erfolgten in dem Bereich der Aktivauslaugungszone, also an den Rändern der Salzverbreitung, und liegen in Bereichen, in denen heute NaCl-haltige Traufenwässer auftreten.

Besondere hydrogeologische Gefahrenstellen bilden die Steinsalzaufschlüsse unter Tage, die im Bereich der Aktivauslaugungszone liegen, da hier der Zeitraum der ersten Phase sehr kurz ist und die Maximalschüttungen beträchtliche Werte erreichen (Wassereinbruch von 1958 ca. 2000 m³/min).

Beim jetzigen Stand des Abbaus in der Mansfelder Mulde stellt das hydrogeologisch gefährdetste Gebiet die Aktivauslaugungszone dar, wobei der Bereich des Otto-Brosowski-Schachtes, also der NW-Teil der Mansfelder Mulde, durch die vorhandenen tektonischen und stratigraphischen Verhältnisse besondere Beachtung verdient. Das schließt nicht aus, daß auch im Bereich der Süßwassertraufen noch Reservoire existieren, die beim Abbau von Restpfeilern oder durch andere Umstände auslaufen können und somit größere Wassermengen in das Grubenfeld eindringen.

3. Vorwiegend erfolgten die Wassereinbrüche an tektonischen Störungen sowie an durch Abbaupfeiler und schlechte Strebstellung entstandenen Zerklüftungen. Dabei wirkt der Fazieswechsel im Niveau des Werrasteinsalzes für die Bildung solcher Zerklüftungen begünstigend (Wassereinbruch von 1958).

4. Vorwiegend stieg der NaCl-Gehalt mit der Zuflußmenge. Während sich die Wassereinbrüche von 1884 und 1889 aus Süßwassertraufen entwickelten, gingen die späteren aus Salzwassertraufen hervor.

5. Das Verhältnis von CaO : SO_3 liegt, soweit bekannt, stets unter 0,6.

6. Die größten Wassereinbrüche wurden von einer Zunahme der Gebirgsschläge und von Erdsenkung über der Einbruchstelle begleitet.

4. Schlußfolgerungen für die Wassereinbruchsgefahr in der Sangerhäuser Mulde

Seit 1951, als der Abbau in der Sangerhäuser Mulde wieder aufgenommen wurde, besteht auch hier erneut das Problem der Wassereinbruchsgefahr. Es ist deshalb notwendig, zu wissen, welche Schlußfolgerungen sich aus den in der Mansfelder Mulde gemachten Erfahrungen für dieses Gebiet ergeben.

Da in beiden Mulden zumindest ähnliche stratigraphische Verhältnisse vorhanden sind, müssen auch hier die Grubenfelder ohne genügende Salzbedeckung als hydrogeologisch gefährdet bezeichnet werden. Inwieweit Gebiete, in denen salinare Ablagerungen primär fehlen, hiervon ausgeschlossen sind, läßt sich z. Z. noch nicht sagen.

Da bekannt ist, daß auch aus Süßwassertraufen Wassereinbrüche entstanden, stellen hier, außer den sog. Liegendwässern (REMUS & SPILKER 1961), alle Traufen Gefahrenstellen dar. Dabei muß den Traufen an Verwerfungen und Abbaupfeilern besondere Beachtung geschenkt werden.

Steinsalzaufschlüsse an den Rändern der Steinsalzverbreitungen stellen stets außerordentliche Gefahrenstellen dar. Diese Tatsache sollte bei Neuauffahrungen berücksichtigt werden.

Auch an dieser Stelle muß noch einmal die Forderung, zuerst hydrogeologisch ungefährdete Feldesteile abzubauen, um bei evtl. später auftretenden Wassereinbrüchen genügend Stauraum zu haben, gestellt werden.

Eine komplexe Bearbeitung der Hydrogeologie i. S. von REMUS & SPILKER wird es schließlich ermöglichen, die Gefahrenstellen in der Sangerhäuser Mulde weiter zu konkretisieren und durch entsprechende Sicherheitsmaßnahmen Wassereinbrüche zu verhindern oder deren Auswirkungen auf ein Minimum herabzusetzen.

Zusammenfassung

Eine Auswertung der Literatur über die größten Wassereinbrüche im Mansfelder Kupferschieferbergbau ergab, daß Wassereinbrüche in der Mansfelder und Sangerhäuser Mulde z. Z. nicht vermeidbar sind. Es wurden jedoch Zusammenhänge und Regelmäßigkeiten festgestellt, die es ermöglichen, Gefahrenstellen erster Ordnung zu umgehen bzw. durch ständige Kontrolle der Gefahrenstellen einen Wassereinbruch rechtzeitig zu erkennen und somit durch sofort getroffene Maßnahmen die Folgen auf ein Minimum einzuschränken.

Резюме

Оценка литературы о самых крупных прорывах воды при разработке медистого сланца в Мансфельдском участке показала, что прорывы воды в Мансфельдской и Зангерхаузенской мульдах теперь являются неизбежными. Однако, были установлены связи и закономерности, позволяющие обходить опасные места первого порядка или же постоянным контролем опасных мест своевременно узнавать прорыв воды и с помощью немедленных мероприятий ограничивать последствия до минимума.

Summary

Following the literature published on the greatest floodings in the Mansfeld copper-slate mines, it is shown that in the Mansfeld and Sangerhausen trough they cannot be avoided at present. Relations and regularities, however, have been found which enable an evasion of first-order danger points, and the recognition in time of a flooding by means of permanent danger-point control respectively, in order to reduce consequences to a minimum by measures to be taken immediately.

Literatur

BLEI, W. & W. JUNG: Über die anomalen Zechsteinprofile im Bereich der Mansfelder Mulde. — Freib. Forsch. H., C 135 (im Druck).

FULDA, E.: Verbreitung und Entstehung der Schlotten in der Mansfelder Mulde. — Unveröff. Mansfeldakte, Halle (Saale) 1912.

— Amtliches Gutachten über die Ursache der im Stadtgebiet von Eisleben auftretenden Erdstöße. — Unveröff. Mansfeldakte, Berlin 1926.

— Gutachten der Preußischen Geologischen Landesanstalt über eine Erweiterung der Abbauerlaubnis unter der Stadt Eisleben. — Unveröff. Mansfeldakte, Berlin 1937.

— Gutachten über die Wassereinbruchsgefahr beim Kupferschieferbergbau in der Mansfelder Mulde. — Unveröff. Mansfeldakte, Eisleben 1954.

JUNG, W.: Das Steinsalzäquivalent des Zechstein 1 in der Sangerhäuser und Mansfelder Mulde und daraus resultierende Bemerkungen zum Problem der Jahresringe. — Ber. geol. Ges. DDR, 4, H. 4, S. 313—317, Berlin 1959.

KAUTZSCH, E.: Hydrogeologische Probleme im Mansfelder und Sangerhäuser Kupferschieferbergbau. — Bergbautechnik, H. 3, S. 134—143, Leipzig 1956.

KRUMMNACKER, J.: Die hydrogeologischen Verhältnisse an der NO-Flanke der Mansfelder Mulde unter besonderer Berücksichtigung der Abbauverhältnisse des Otto-Brosowski-Schachtes und der dortigen Erfahrungen. — Bergbautechnik, H. 7, S. 368—377, Leipzig 1955.

LUDWIG, M.: Schlottenwasserproblem. — Unveröff. Mansfeldakte, 1902/05/20.

REMUS, W. & M. SPILKER: Stand der hydrogeologischen Kenntnisse über den Nordteil der Sangerhäuser Mulde. — Bergbautechnik, 11, H. 6, S. 317—321, Leipzig 1961.

RICHTER, R.: Die Erdbewegungen und Erdsenkungen in Eisleben seit 1892. — Unveröff. Mansfeldakte, Eisleben 1898.

SCHUBERT, H., W. BUSCH & H. HETZER: Der Wassereinbruch vom 17. September 1958 im Mansfelder Kupferschieferbergbau. — Freib. Forsch. H., A 176, S. 41—59, Berlin 1960.

ULE, W.: Die Mansfelder Seen. — Mitt. Ver. Erdk. Halle (Saale) 1889.

— Neues über die Mansfelder Seen. — Saale-Zeitung, 1892.

— Die Katastrophe an den Mansfelder Seen. — Naturw. Wochenschr., Bd. IX, Nr. 27.

WEIGELT, J.: Geologisches Gutachten über die Bodenbewegungen im Gebiet des ehem. Salzigen Sees einschl. Erdeborn. — Unveröff. Mansfeldakte, Halle (Saale) 1938.

Verfahren zur Aufbereitung der Bohrproben von Lockergesteinen[1]

HANS ROSENBERGER, Dresden

(Mitteilung aus dem Institut für angewandte Mineralogie, Dresden)

Einleitung

Rohkaolin, Rohkreide und andere Lockergesteine müssen fast immer aufbereitet werden, ehe sie technisch genutzt werden können. Diese Aufbereitung besteht meist in einer Klassierung mit Hydrozyklonen oder anderen Klassiergeräten bei Trennschnitten, die im allgemeinen zwischen 0,025 und 0,05 mm, in Sonderfällen auch tiefer liegen. Die Höhe des verlangten Trennschnittes richtet sich nach dem Verwendungszweck des Produktes. Das Ergebnis des Klassierens wird u. a. an der Höhe des Fehlkornanteils und der Kornscheide gemessen. Kornscheide und Fehlkornanteil hängen voneinander ab.

Ermittlung von Kornscheide und Fehlkornanteil

Zu ihrer Ermittlung wird die Kornverteilung des Groben (Hydrozyklonaustrag) als Durchgangskennlinie und die des Feinen (Hydrozyklonüberlauf) als Rückstandskennlinie in ein Koordinatennetz eingetragen. Dabei werden auf der Abszisse die Gewichtsanteile in Σ%, auf der Ordinate dagegen die Korngrößen in µm eingezeichnet.

Bei der Ermittlung der wahren Kornscheide nach IVERS ist der Fehlkornanteil, bezogen auf die Kornscheide, in beiden Klassierprodukten absolut gleich. Aus diesem Grunde müssen die beiden Fraktionen — Grobes und Feines — bei der graphischen Darstellung nicht mit je 100%, sondern nur mit ihrem wirklichen Anteil am Klassiergut aufgetragen werden.

Der Schnittpunkt der beiden Kennlinien gibt auf der Abszisse die Höhe des Fehlkornanteils der durchgeführten Klassierung, auf der Ordinate dagegen die erzielte Kornscheide in µm an. Grobes und Feines weisen für diese ermittelte Kornscheide den gleichen Fehlkornanteil auf.

[1]) Eingang des Manuskripts in der Redaktion: 12. 2. 1961

Klassierverhältnisse in Hydrozyklonen

In Abb. 1 sind die Klassierverhältnisse dargestellt, wie sie bei der Aufbereitung von Rohkaolin mit einem Hydrozyklon von 86 mm ∅ (Bauart Institut für angewandte Mineralogie) erhalten werden. Der Fehlkornanteil liegt bei diesem Hydrozyklon unter Betriebsverhältnissen zwischen 5 und 10%. Auf Versuchsständen gelingt es, ihn unter 5% zu senken.

Die Kornscheide des Hydrozyklons ist apparatebedingt. Sie ist vor allem vom Durchmesser des zylindrischen Teils abhängig. Je kleiner dieser ist, desto tiefer liegt die Kornscheide. Im Hydrozyklon von 86 mm ∅ beträgt sie, abhängig vom Klassiergut und den Düsenverhältnissen, 0,030 bis 0,060 mm.

In gewissem Umfang ist die Kornscheide durch Änderung der Düsenverhältnisse zu beeinflussen. Bei konstantem Durchmesser bestehen die Verhältnisse:

$$c = \frac{\phi \text{ Überlaufdüse}}{\phi \text{ Einlaufdüse}} \text{ und } d = \frac{\phi \text{ Austragsdüse}}{\phi \text{ Einlaufdüse}}$$

Nach den im Institut gesammelten Erfahrungen sind die c-Werte zwischen 1 und 2,5 und die d-Werte zwi-

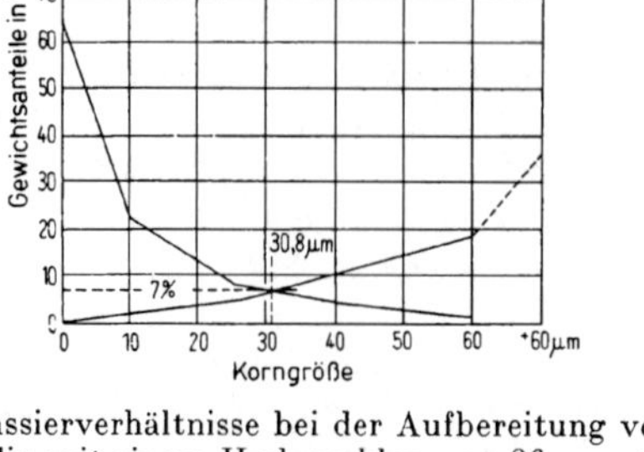

Abb. 1. Klassierverhältnisse bei der Aufbereitung von Rohkaolin mit einem Hydrozyklon von 86 mm ∅

Abb. 2. Aufstromklassierer im Institut für angewandte Mineralogie, Dresden

schen 0,3 und 0,6 zu wählen. Darüber hinaus sind auch die Höhe des Feststoffgehaltes der Einlauftrübe und der Gehalt an sogenanntem Grenzkorn von Bedeutung.

Aufbereitungsmöglichkeiten der Bohrproben

Die Konditionen der Verbraucherindustrien beziehen sich fast ausschließlich auf aufbereitetes Material. Soll daher bei der geologischen Erkundung eine Untersuchung der Bohrproben die Grundlage für die Vorratsberechnung bilden, so dürfen nicht Rohproben, sondern nur aufbereitete Proben chemisch-physikalisch bzw. technologisch untersucht werden.

Bei gleichförmig ausgebildeten Lagerstätten wird es nicht immer erforderlich sein, das durch Schappenbohrungen gewonnene Haufwerk, nach kleinen Teufenbereichen unterteilt, zu untersuchen. In einem solchen Falle könnte man vielmehr über größere Teufenbereiche hinweg soviel Material bereitstellen, daß die Aufbereitung größerer Proben mit dem Hydrozyklon möglich wäre. Das dabei auf halbtechnischem Wege erhaltene Fertigprodukt entspräche in vieler Hinsicht dem im Betrieb gewonnenen. Durch eine solche Arbeitsweise würde sich die Zahl der zu untersuchenden Proben stark vermindern. Diesem Vorteil stehen aber auch Nachteile gegenüber. Große Proben von mindestens 50 kg und mehr müßten aufgelöst, vorklassiert, hydrozyklonklassiert und schließlich entwässert werden.

In den weitaus meisten Fällen sind die Lagerstättenverhältnisse ungünstiger. Bei ausgedehnten ungleichmäßig zusammengesetzten Vorkommen fallen oft einige hundert Bohrproben an. Aus ökonomischen Gründen können deshalb je Teufenbereich jeweils nur kleine Mengen von 1 bis 2 kg aufbereitet und untersucht werden.

Es liegt der Gedanke nahe, die Aufbereitung durch Absieben durchzuführen. Ein Trennschnitt auf dem feinsten Sieb bei 0,040 mm erfordert wegen der Gehalte an siebschwierigem Gut außerordentlich lange Siebzeiten und kommt für Mengen von 1 kg und mehr nicht in Betracht. Außerdem wird meistens ein Trennschnitt gefordert, der unter 0,040 mm liegt.

Ein Sedimentieren der Mineraltrüben in Absetzbehältern wiederum führt zu hohen Fehlkornanteilen. Um alle Feinstteilchen zu erfassen, müßte viele Male dekantiert und aufgeschlämmt werden. Das Verfahren erfordert viel Zeit und großen Arbeitsaufwand.

Aus technischen und wirtschaftlichen Gründen scheiden daher diese genannten Verfahren aus. Im Institut für angewandte Mineralogie, Dresden, wurde nun zum Klassieren kleiner Probemengen eine Apparatur entwickelt, die im folgenden beschrieben werden soll.

Beschreibung des Gerätes und des Verfahrens

Das im Institut konstruierte Klassiergerät stellt die Kombination eines Aufstromklassierers bestimmter Bauart mit Absetzbehältern dar. In einem rahmenartigen Gestell sind zwei innengummierte Absetzbehälter mit einem Fassungsvermögen von je 200 l, ein Aufstromklassierer und ein 4 m langes, senkrecht stehendes Rohr, das ein Niveaugefäß trägt, untergebracht (Abb. 2).

Die Behälterböden sind kegelförmig ausgebildet und mit einem Hahn zum Ablassen der eingedickten Trübe versehen. Das Niveaugefäß ist am Rohr in seiner Höhe verstellbar angebracht und dient zum Konstanthalten des Leitungsdruckes. Es ist mit Zu-, Ab- und Überlauf versehen.

Der Aufstromklassierer besteht in seinem zylindrischen Teil aus einem zwischen zwei Flanschen eingespannten Glasrohr von etwa 150 mm lichter Weite. Nach unten geht der zylindrische Teil in einen Konus mit einem Winkel von 8° über. In dreiviertel Höhe über der Spitze des Konus ist der konische Teil abnehmbar. Er wird durch einen Schnellverschluß zusammengehalten.

Die Zuführung des Aufstromwassers erfolgt durch Schlauchanschluß über einen an der Spitze des Konus befindlichen Wasserhahn. Der zylindrische Teil ist oben flanschartig ausgebildet und trägt die Überlaufvorrichtung, die zu den Absetzbehältern Überlaufrinnen hat (Abb. 3). Das Gerät besitzt zwei Absetzbehälter, so daß nach beendeter Klassierung sofort eine neue Probe angesetzt werden kann. Der Inhalt des Aufstrom-

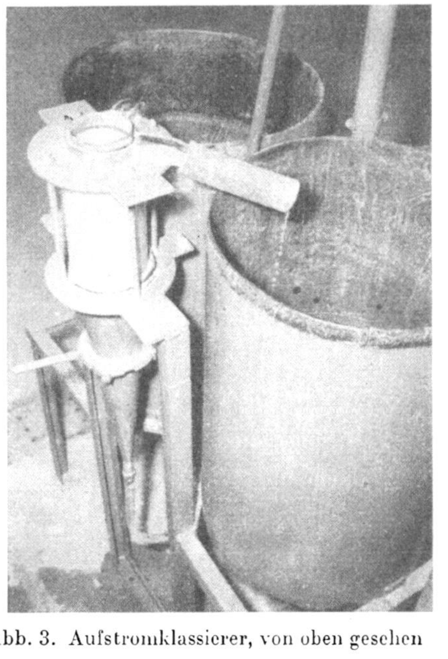

Abb. 3. Aufstromklassierer, von oben gesehen

klassierers beträgt ca. 9 Liter. Bei einer aufgegebenen Menge vorklassierten Gutes von 0,6 kg beträgt der Feststoffgehalt der Mineraltrübe im Stromklassierer 66 g/l.

Arbeitsgang

1 bis 2 kg Rohmaterial werden in Wasser aufgeschlämmt und nach vollständiger Dispergierung bei 0,4 mm abgesiebt. Der Siebdurchgang wird dem Stromklassierer aufgegeben. Die für den gewünschten Trennschnitt erforderliche Aufstromwassermenge wird mit einem Strömungsmesser nach WOBSER oder durch Abmessen mit Stoppuhr und Mensur eingestellt. Die überlaufende Trübe wird über die Überlaufvorrichtung dem jeweiligen Absetzbehälter zugeleitet.

Berechnung der Aufstromgeschwindigkeit

Einem gewünschten Trennschnitt entspricht eine bestimmte Aufstromgeschwindigkeit des Wassers, und zwar muß diese der Sedimentationsgeschwindigkeit der Feststoffteilchen gleich sein, die einen dem Trennschnitt entsprechenden Korndurchmesser haben. Feststoffteilchen, deren Korndurchmesser unter dem Trennschnitt liegen, schwimmen auf, solche, die größer sind, sinken ab. Bisher war es nicht möglich, für die Fallgeschwindigkeit von kleinen Feststoffteilchen in Flüssigkeiten ein allgemeingültiges Gesetz aufzustellen. Die von STOKES, ALLEN und NEWTON-RITTINGER aufgestellten Fallgesetze gelten nur für bestimmte Verhältnisse, und da auch nur angenähert. Die einzelnen Gesetze sind nur anwendbar, wenn die REYNOLDschen Zahlen der vorliegenden Strömungsverhältnisse in folgenden Grenzen liegen:

Gesetz von STOKES	Re	0—0,2
Gesetz von ALLEN	Re	30—300
Gesetz von NEWTON-RITTINGER	Re	1000—150000

Um also das entsprechende Gesetz zur Berechnung der Fallgeschwindigkeit anwenden zu können, muß die REYNOLDsche Zahl bekannt sein.

Bezeichnet man mit

v — die Fallgeschwindigkeit in (cm/s),
d — den Durchmesser des fallenden Grenzkornes in (cm)
und
$\nu = \frac{\eta}{\rho}$ die kinematische Zähigkeit des strömenden Mediums in (cm²/s),

so ist

$$\mathrm{Re} = \frac{v \cdot d}{\nu}$$

Für einen Trennschnitt von 0,050 mm ergibt sich eine REYNOLDsche Zahl von

$$\mathrm{Re} = \frac{0{,}218 \cdot 0{,}0050}{0{,}011} = 0{,}099$$

Die Rechnung läßt zunächst erkennen, daß laminare Strömung vorliegt. Turbulente Strömung ist erst bei Re + 2300 zu erwarten. Ferner sagt die Rechnung aus, daß bei den in Frage kommenden Aufstromgeschwindigkeiten und Korngrößen (0,020—0,060 mm) Re in jedem Falle im Bereich 0—0,2 liegt und damit das STOKESsche Gesetz zur Berechnung der Aufstromgeschwindigkeit des Wassers benutzt werden kann.

Es lautet:

$$v = \frac{2}{9} \cdot g \cdot r^2 \cdot \frac{\rho_1 - \rho_2}{\eta} \text{ (cm/s)}$$

Hierin bedeuten:

r — Teilchenradius in (cm)
ρ_1 — Dichte der Teilchen in (g/cm³)
ρ_2 — Dichte der Flüssigkeit in (g/cm³)
g — Gravitationskonstante 981 in (cm · s⁻²)
η — dynamische Zähigkeit der Flüssigkeit in Poise

Für Trennschnitte von 30, 40 und 50 μm ergeben sich folgende Aufstromgeschwindigkeiten:

$v_{50} = 0{,}218$ cm/s
$v_{40} = 0{,}137$ cm/s
$v_{30} = 0{,}077$ cm/s

Die jeweils erforderliche Aufstromwassermenge erhält man durch Multiplikation der berechneten Aufstromgeschwindigkeit mit dem Querschnitt des zylindrischen Teils des Aufstromklassierers.

Um zum Beispiel alles Korn — 0,040 mm in den Überlauf zu bringen, muß bei einer lichten Weite des Aufstromklassierers von 150 mm ⌀ eine Aufstromwassermenge von

$$W = v \cdot F = 0{,}137 \cdot 176{,}6 \cdot 60 = 1452 \text{ (cm}^3\text{/min)}$$

eingestellt werden. F ist hierbei der Querschnitt des Aufstromklassierers in cm². Nach der Einstellung der Aufstromwassermenge arbeitet der Stromklassierer selbsttätig. Die Überlauftrübe fließt in einen der Absetzbehälter. Infolge der geringen Fallhöhe gelingt es, in kurzer Zeit die Überlauftrüben einzudicken und anschließend zu entwässern. Der Klassierer ist so dimensioniert, daß Mengen von maximal 1 bis 2 kg auf einmal aufgegeben werden können. Bei etwas größeren Proben kann nach 30 Minuten durch ein Tauchrohr vorklassiertes Gut nachgeschüttet werden.

Untersuchungen über den Klassiereffekt des Gerätes

In einer Versuchsreihe wurde die Abhängigkeit des Fehlkornanteils und der Kornscheide von der Klassierzeit ermittelt. Gewählt wurden Zeiten von 30, 60, 90,

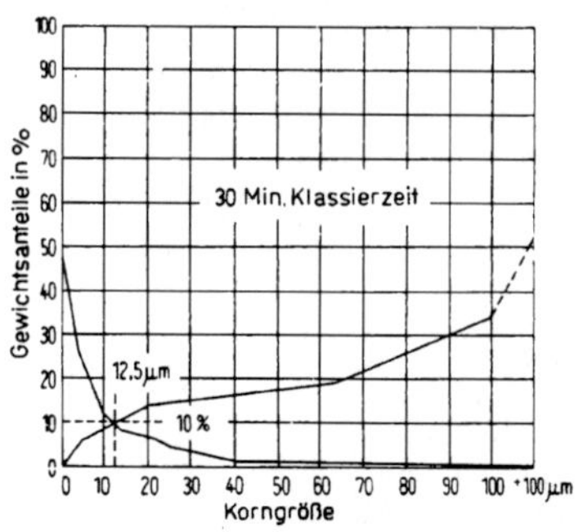

Abb. 4. Klassierergebnis nach 30 min

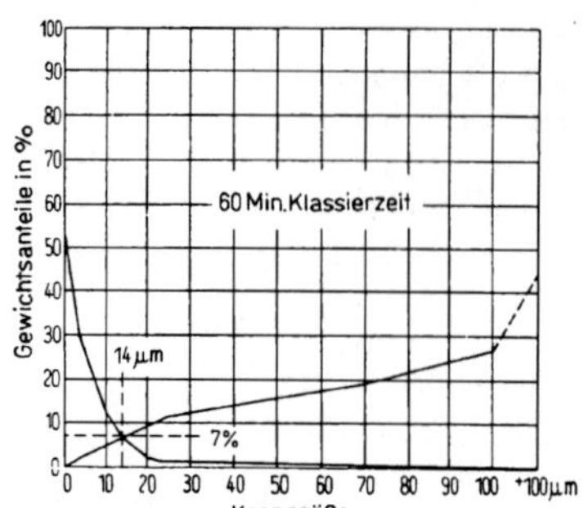

Abb. 5. Klassierergebnis nach 60 min

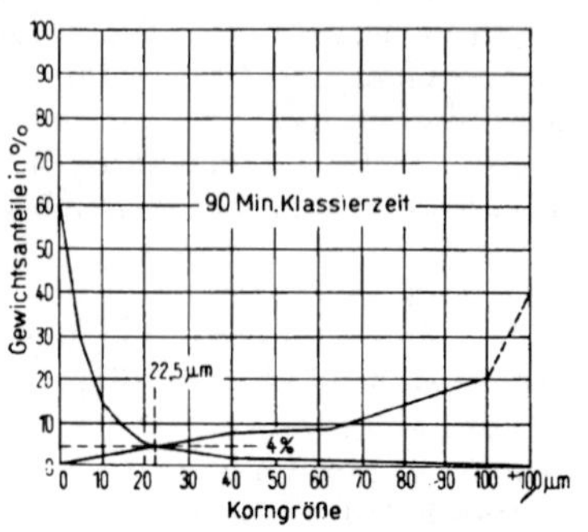

Abb. 6. Klassierergebnis nach 90 min

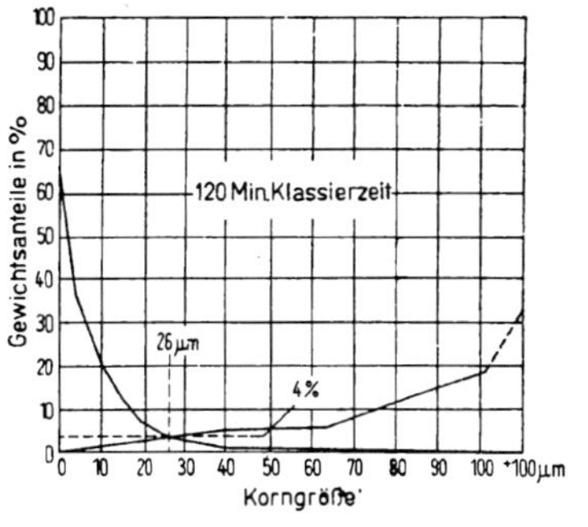

Abb. 7. Klassierergebnis nach 120 min

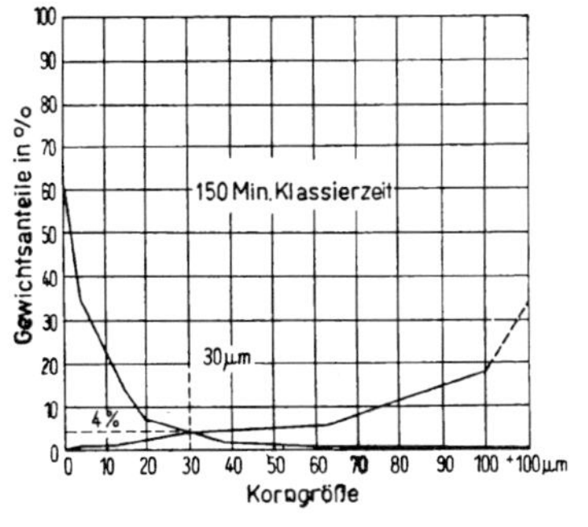

Abb. 8. Klassierergebnis nach 150 min

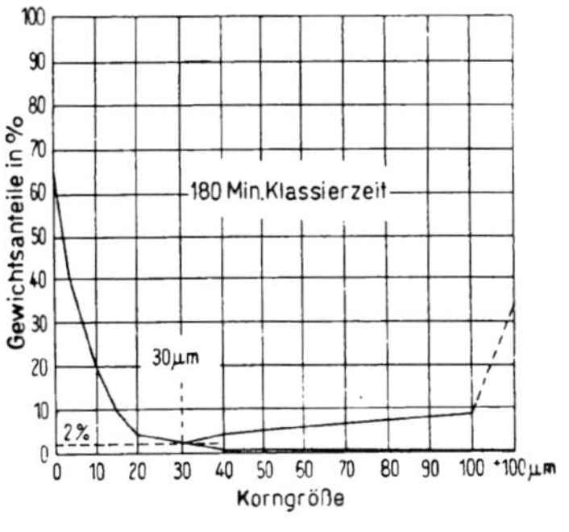

Abb. 9. Klassierergebnis nach 180 min

120, 150 und 180 Minuten. In den Abb. 4—9 sind die erzielten Klassierergebnisse graphisch dargestellt. Abb. 10 zeigt die Abhängigkeit des Fehlkornanteils von der Klassierzeit.

Bereits nach einer Klassierzeit von 90 Minuten ist der Fehlkornanteil auf 4% gesunken, nach 180 Minuten beträgt er noch 2%. Die Kornscheide verschiebt sich dagegen mit zunehmender Klassierdauer nach oben, weil sich die Durchgangskennlinie des Klassierrückstandes (Grobes) in ihrem Verlauf noch stark ändert. Die Rückstandskennlinie des Klassiererüberlaufs (Feines)

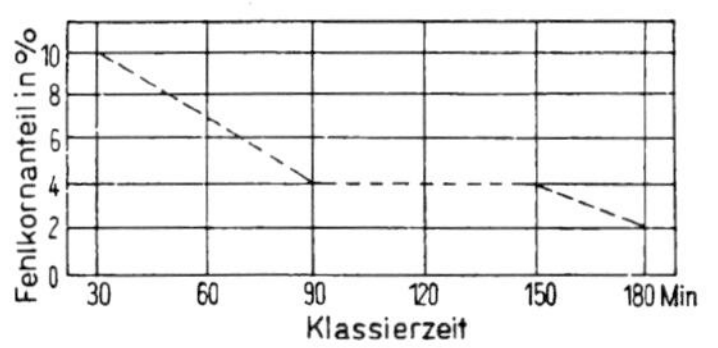

Abb. 10. Abhängigkeit des Fehlkornanteils von der Klassierzeit

ähnelt dagegen bereits nach 30 Minuten Laufzeit den nach längerer Laufzeit erhaltenen Kurven.

Dieser Kornaufbau der Klassierprodukte in Abhängigkeit von der Laufzeit läßt sich folgendermaßen erklären:

Bei Beginn der Klassierung ist in allen Teilen der Suspension eine gleiche Kornverteilung vorhanden. Stellt man z. B. eine Aufstromgeschwindigkeit für einen Trennschnitt von 0,040 mm ein, so wird alles Korn mit einem kleineren Durchmesser überlaufen. Die mit Aufstromgeschwindigkeit nach oben verschobene Suspensionssäule wird lediglich vom sedimentierenden Korn > 0,040 mm befreit. Wenn auch unterschiedliche Steiggeschwindigkeiten für Teilchen mit verschiedenem Durchmesser zu verzeichnen sind, so wird doch, bezogen auf den Durchschnitt der innerhalb 30—60 Minuten überlaufenden Suspensionsmenge, nur eine verhältnismäßig geringe Entmischung des Kornes — 0,040 mm auftreten. Die noch starke Veränderung der Durchgangskennlinie des Klassierrückstandes mit längerer Laufzeit kommt zustande, weil das über dem Trennschnitt liegende Grenzkorn sehr langsam sedimentiert. Das gleiche gilt für das Steigen des unter dem Trennschnitt liegenden Grenzkornes, soweit es sich im unteren Teil des Klassierers befindet. Das Ansteigen der Kornscheide mit zunehmender Klassierzeit ist nicht nur durch die vorstehend beschriebenen Verhältnisse zu erklären, sondern auch damit, daß sich mit der Zeit die Trübewichte im Klassierer verringert und damit die Aufstromwassermenge etwas ansteigt. Außerdem nimmt die innere Reibung des Systems mit der Zeit ab.

Bei der Frage nach der optimalen Klassierzeit muß beachtet werden, daß das Ausbringen die Grundlage für eine Vorratsermittlung bildet. Es ist daher zweckmäßig, die Klassierung im Labormaßstab so weit zu treiben, daß das Ausbringen auf gleicher Höhe wie das mit leistungsfähigen Hydrozyklonen erreichbare liegt. Dazu ist es notwendig, Klassierprodukte zu gewinnen, die, bezogen auf denselben Trennschnitt, mindestens den gleichen geringen Fehlkornanteil von 5% aufweisen, wie er bei der Hydrozyklonaufbereitung erzielt wird. Wie Abb. 10 entnommen werden kann, ist hierfür eine Klassierzeit von mindestens 80 Minuten erforderlich.

Zusammenfassung

Ein im Institut für angewandte Mineralogie, Dresden, entwickelter Aufstromklassierer zur Aufbereitung von Bohrproben der Lockergesteine im Labormaßstab wird beschrieben. Ein Vergleich der Ergebnisse des Hydrozyklonklassierens von Lockergesteinen mit den in diesem Aufstromklassierer erhaltenen Ergebnissen läßt folgende Schlüsse zu:

Die neu konstruierten Aufstromklassierer arbeiten mit einem Klassiereffekt, der gleich groß oder größer ist als der mit hochentwickelten Hydrozyklonen erreichbare. Durch Einstellen einer bestimmten Aufstromgeschwindigkeit und Einhalten einer entsprechenden Klassierzeit läßt sich jeder gewünschte Trennschnitt erreichen. Das Gerät ermöglicht Trennschnitte zwischen 0,010 und 0,060 mm, in Sonderfällen bis 0,150 mm.

Резюме

Описывается разработанный в Институте прикладной минералогии, Дрезден, прибор для разделения фракции в восходящем потоке воды, применяемый для обогащения буровых образцов рыхлых пород в лабораторном масштабе. Сопоставление результатов, полученных при разделении фракции рыхлых пород с гидроциклоном, с одной стороны, и с описанным прибором, с другой стороны, позволяет следующие выводы: Новоконструированные приборы работают с эффектом разделения, равным или превышающим достигаемый с высокоразвитыми гидроциклонами эффект. Путем установки определенной скорости восходящего потока воды и соблюдения соответствующего периода времени для разделения можно достигать каждого желательного предела разделения. Прибор позволяет проводить разделения между 0,010 мм и 0,060 мм, в частных случаях до 0,150 мм.

Summary

An updraft classifier developed by the Institute for Applied-Mineralogy, Dresden, for the preparation on a laboratory scale of core samples from loose material is described. A comparison of results following from hydrocyclone classifying of loose material with those obtained by the updraft classifier suggests the following conclusions:

The newly designed updraft classifiers work at a classifying effect of equal or greater amount than that attainable with highly developed hydrocyclones. By adjusting a definite updraft rate and observing an adequate classifying time each separating cut desired is available. The apparatus enables cuts to be made between 0.010 and 0.060 mm, in special cases up to 0.150 mm.

Zeitschrift für angewandte Geologie (1962) Heft 6

G. A. TWALTSCHRELIDSE

Zur Methodik der metallogenetischen Analyse[1]

Referiert von ACHIM STAMMER, Berlin

Bei der Zusammenfassung der vorhandenen Unterlagen über die endogene Erzbildung im Kaukasus setzte sich Verf. mit den von JU. A. BILIBIN und seinen Schülern aufgestellten Entwicklungsetappen von Geosynklinalgebieten und der metallogenetischen Evolution der beweglichen Gürtel der Erdkruste auseinander. Während JU. A. BILIBIN (1955) die Entwicklung der Geosynklinalgebiete als monozyklischen, aus fünf Etappen bestehenden Prozeß und jede Geosynklinalzone als neuangelegte selbständige Bildung ansieht, stellte Verf. fest, daß z. B. im Kaukasus eine Reihe alpiner Geosynklinalen auf Gebieten mit gefaltetem paläozoischem Untergrund entstanden sind. Die paläozoischen Strukturformen wurden dabei im Mesozoikum und Känozoikum erheblich kompliziert und abgewandelt, wodurch auch die spezifischen Züge der alpidischen Metallogenese des Kaukasus bedingt sind.

Mit dieser neuen Vorstellung von einer polyzyklischen Entwicklung der Faltenzonen (und der Fundamente der Tafeln) findet auch der Ausdruck ,,metallogenetische Epoche" eine klare Auslegung, nämlich als ,,die Zeit, die den geotektonischen und magmatischen Zyklen in Anwendung auf die Prozesse der Erzbildung entspricht" (s. W. A. KUSNEZOW 1957, I. G. MAGAKJAN 1959). Bei der Gliederung dieser Epoche in drei Stadien entspricht jedem Stadium die Bildung spezifischer Erzformationen, die von G. A. TWALTSCHRELIDSE (1959) als ,,metallogenetische Typen der Erzlagerstätten" zusammengefaßt werden. Die Lagerstätten dieser drei metallogenetischen Typen unterscheiden sich in der stofflichen Zusammensetzung, den Strukturen, den Nebengesteinen, den Bindungen an magmatische Formationen und können daher auf den metallogenetischen Karten leicht dargestellt werden. G. A. TWALTSCHRELIDSE legt seiner Definition der metallogenetischen Gürtel, der metallogenetischen Provinzen und der metallogenetischen Zonen die entsprechende geotektonische Einteilung der Geosynklinalen nach N. S. SCHATSKI in konsolidierte Geosynklinalgebiete, Geosynklinalsysteme und einzelne Geosynklinalen bzw. Geantiklinalen zugrunde.

Aus der unterschiedlichen Metallogenese Osttransbaikaliens, des großen Kaukasus und der Grünsteinzone des Urals zieht Verf. den Schluß, daß die spezifische Mineralisation der metallogenetischen Zone nicht nur durch die Zeit, sondern auch durch den ursprünglichen Bau der Geosynklinale bedingt ist. Er unterscheidet bei den metallogenetischen Zonen: Geosynklinalen, Geantiklinalen und Mittelmassive. Bei den Geosynklinalen treten je nach dem Vorliegen terrigener Bildungen (Miogeosynklinalen) oder vulkanogen-sedimentärer Bildungen (Eugeosynklinalen) Zonen spezifischer Metallogenese auf, in denen aber niemals die gesamte genetische Reihe der endogenen Lagerstätten auftritt. Insbesondere ist niemals das Auftreten von Erzkomplexen aller fünf Etappen, wie sie in BILIBINS Schema vorgesehen ist, zu verzeichnen. G. A. TWALTSCHRELIDSE setzt sich ferner mit einigen Details des metallogenetischen Schemas BILIBINS (1955) auseinander. Auf Grund der im Kaukasus durchgeführten Untersuchungen kommt Verf. dabei zu einer anderen zeitlichen Einstufung verschiedener Intrusivkomplexe und stellt fest, daß in der Entwicklung des Kaukasus zwei große Perioden zu unterscheiden sind: die paläozoische und die mesozoisch-känozoische, die beide ihrerseits wiederum in zwei geologische Zyklen zerfallen, so daß man hier vier metallogenetische Epochen unterscheiden kann: die kaledonische, herzynische, kimmerische und die alpidische.

Hinsichtlich der Sedimentationsrhythmen zählt G. A. TWALTSCHRELIDSE die Ablagerungen von Flysch- und terrigenen Sedimenten zu den Frühetappen der geosynklinalen Entwicklung. Die mittleren geosynklinalen Entwicklungsetappen, die zeitlich mit den Hauptphasen der Faltung zusammenfallen, sind charakterisiert durch regressive Seichtwasser- und kontinentale Ablagerungen. Auch die Spätetappen, die nach JU. A. BILIBIN dem konsolidierten Zustand entsprechen, schließen nicht die Möglichkeit der Überflutung durch epikontinentale Meere aus. Deshalb treten hier neben kontinentalen Ablagerungen und Ergußgesteinen auch noch marine Sedimente und Molasseschichten auf.

Nach JU. A. BILIBIN (1955) besteht ein Zusammenhang zwischen Kleinintrusionen von Quarzporphyren und Albitporphyren und der Bildung von Kieslagern. Es wird aber nicht erklärt, warum diese Kieslager an saure, vulkanogen-sedimentäre Ablagerungen mit einem rhythmischen Wechsel der Gesteinstypen von Diabasen bis zu Albitophyren geknüpft sind und sich häufig in ungleichaltrigen, ähnlichen Profilen vulkanogener Folgen wiederholen.

Nach Untersuchung von G. S. DSOZENIDSE (1948) unterscheiden sich Spilitdiabase und Albitophyre genetisch voneinander. Die gleichmäßige Verteilung des Albits und das Fehlen von Deanorthisierungsprodukten des basischen Plagioklases sowie das Auftreten intrusiver Spilitdiabase deuten auf primären Albit und beweisen die Möglichkeit der Absonderung eines Spilitmagmas im magmatischen Herd. Die Albitophyre — mit nachweislich sekundärem Albit — führt G. S. DSOZENIDSE auf albitisierte Dazite zurück.

Von Bedeutung für das Auftreten eines sauren effusiven Vulkanismus ist die Assimilation granitoidischer Gesteine aus Schollen des konsolidierten Untergrundes. Damit im Zusammenhang steht die Bildung einiger Kieslagerstätten.

G. A. TWALTSCHRELIDSE verweist auf die Schwierigkeit des Problems der Genese der Kiesvererzung und hält die Ansicht, nur von einem Zusammenhang der Kiesvererzung mit der Spilit-Keratophyr-Formation zu sprechen, für nicht ausreichend. Er nimmt an, daß in verschiedenen geotektonischen Zonen bei verschiedenen Entwicklungsstadien entweder Spilite oder Albitophyre entstehen.

[1]) Aus: ,,Sowjetskaja geologija", Nr. 3, 1961, S. 23–30

Literatur

AFANASJEW, G. D.: Geologie der magmatischen Komplexe des Nordkaukasus und die Grundzüge der damit zusammenhängenden Mineralisation. – Abh. Inst. Geol. u. Min. Akad. Wiss. UdSSR, H. 20, 1958.

BILIBIN, Ju. A.: Metallogenetische Provinzen und metallogenetische Epochen. — Gosgeoltechisdat, 1955.
DSOZENIDSE, G. S.: Der prämiozäne effusive Vulkanismus Grusiniens. — Verl. Akad. Wiss. Grusinisch. SSR, Tbilissi 1948.
GORSHEWSKI, D. I.: Tektonische Gesetzmäßigkeiten in der Verteilung der einzelnen Typen von Erzgürteln. — Hochschulnachrichten, Geologie und Erkundung, Nr. 1, 1960.
KUSNEZOW, W. A.: Die Hauptetappen in der Entwicklung des Magmatismus und die Elemente der Metallogenese des Gorny Altai. — Nachr. der östl. Filiale der Akad. Wiss. UdSSR, Nr. 2, 1957.
MAGAKJAN, I. G.: Grundlagen der Metallogenese der Kontinente. — Verl. Akad. Wiss. Armenischen SSR, Jerewan 1959.
SCHATSKI, N. S.: Die Theorie Wegeners und die Geosynklinalen. — Nachr. Akad. Wiss. UdSSR, Ser. Geol., Nr. 4, 1946.
SMIRNOW, W. I.: Versuch einer metallogenetischen Gliederung des Territoriums der UdSSR. — Nachr. Akad. Wiss. UdSSR, Ser. Geol., Nr. 4., 1959.
TWALTSCHRELIDSE, G. A.: Zu den wichtigsten Besonderheiten der Metallogenese des Kaukasus. — Sammelband von Abh. d. geol. Inst. Akad. Wiss. Grusinischen SSR, Tbilissi 1959.

Zur Berechnung prognostischer Erdöl- und Erdgasvorräte[1)]

FRIEDRICH STAMMBERGER, Berlin

Vorbemerkung

Erkundete Lagerstättenvorräte an Erdöl werden hauptsächlich nach drei Methoden (und ihren Varianten) berechnet: nach der Volumen-Methode, der statistischen Methode und der sogen. Methode der Materialbilanz (auch Methode des Stoffgleichgewichts genannt). Für die Berechnung erkundeter Erdgasvorräte eignen sich praktisch nur zwei: die Volumen-Methode und die Methode des Druckabfalls.

Im Zusammenhang mit der Diskussion über die prognostischen Erdöl- und Erdgasvorräte und ihre Klassifizierung (STAMMBERGER 1962) hat man in der Sowjetunion auch die zu ihrer Berechnung anwendbaren Verfahren und Methoden erörtert. Dabei wurde nach Meinung des Verfassers der eigentliche Rechengang nicht selten überschätzt und die wesentlichere Seite dieser Aufgabe — die Beschaffung, Sicherung und richtige Übertragung der Berechnungsparameter — nur am Rande behandelt. Unter solchen Umständen besteht die Gefahr — sie ist sehr groß, insbesondere bei uns —, daß die Berechnung prognostischer Vorräte an Erdöl und Erdgas (ebenso wie prognostischer Vorräte fester mineralischer Rohstoffe) zu einer arithmetischen Rechenarbeit auf geometrischer Grundlage entartet.

In dieser Art berechneten prognostischen Vorräten kann schwerlich irgendeine Bedeutung beigemessen werden. Insbesondere sind sie auch nicht zur Orientierung der geologischen Such- und Erkundungsarbeiten geeignet.

Grundlagen jeder Vorratsberechnung

Der von der ZVK geforderte geologische Bericht zur Vorratsberechnung (1961) ist kein „an sich" überflüssiger Schmuck der Vorratsberechnung. Er dient auch nicht der Befriedigung des Wissensdurstes der ZVK, sondern bildet die Grundlage für die Beurteilung der Richtigkeit der Berechnungsmethode und der Berechnung selbst.

Bei der Berechnung von Erdölvorräten nach der Volumenmethode wird im allgemeinen die Formel benutzt:

$$Q = F \cdot m \cdot \varphi \cdot \beta \cdot \eta \cdot \gamma \cdot b$$

wo Q — der gewinnbare Erdölvorrat in t
F — die erdölführende Fläche in m^2
m — die effektive erdölgesättigte Mächtigkeit der Schicht in m
φ — der Koeffizient für die offene[2)] Porosität der erdölführenden Gesteine
β — der Erdölsättigungskoeffizient
η — der Abgabekoeffizient
γ — die Dichte des Erdöls (an der Tagesoberfläche)
b — Umrechnungskoeffizient, der die Schrumpfung des Erdöls berücksichtigt

Es ist selbstverständlich, daß der Bestimmung jedes einzelnen dieser Faktoren die größte Aufmerksamkeit geschenkt werden muß, daß infolgedessen jede Überprüfung einer Erdölvorratsberechnung durch die ZVK mit einer gründlichen Kontrolle der Ermittlung der eingesetzten Parameter beginnt.

Bei der Berechnung prognostischer Vorräte liegen die üblichen Erkundungsergebnisse nicht vor, die erforderlichen Parameter können demnach ebenfalls nicht auf die bekannte Weise errechnet werden.

Was ist zu tun?

Es gibt nur folgenden Weg, um trotz dieser Schwierigkeiten zum Ziel zu gelangen:

a) die eingehende geologische Analyse des Gebietes, für das prognostische Vorräte zu berechnen sind;

b) die Auswahl eines bereits erkundeten Gebietes, das geologisch mit dem zu prognostizierenden übereinstimmt oder ihm mindestens sehr ähnlich ist;

c) die Übertragung der in dem erkundeten Gebiet ermittelten Parameter — in Analogie — auf das Gebiet, für das prognostische Vorräte berechnet werden sollen.

Daraus folgt, daß der geologische Bericht — die Analyse u. a. — bei der Berechnung prognostischer Vorräte nicht weniger umfangreich (wenn nicht sogar umfangreicher) als bei einer üblichen Erdöl-Vorratsberechnung sein wird. Der Grund ist einleuchtend: weil die Richtigkeit der Analyse und ihrer Schlußfolgerungen bewiesen werden müssen.

Daraus folgt ferner, daß zur Berechnung prognostischer Vorräte tiefe, umfangreiche und vielseitige geologische Kenntnisse notwendig sind. Neben der Analyse des prognostischen Gebietes — sie ist meist schwieriger und komplizierter als der übliche geologische Bericht zu einer Vorratsberechnung, weil hier nicht so eindeutige Hinweise einzuschätzen sind — muß der Bearbeiter über gründliche Kenntnisse anderer Gebiete verfügen, um die Berechtigung der Analogie nachzuweisen.

Schließlich sind bei der Übertragung der Parameter aus dem erkundeten auf das zu berechnende Gebiet Korrekturen für Schichtdruck, Schichttemperatur u. v. a. vorzunehmen.

Die Berechnung prognostischer Vorräte setzt also vor allem gründliche geologische Kenntnisse voraus, die Fähigkeit einer richtigen Bewertung vorliegender Kriterien einer Erdöl-Erdgas-Führung, die einwandfreie Anwendung der Analogie-Methode und ganz am Schluß erst das „Einmaleins".

---

1) Eingang des Manuskripts in der Redaktion: 16. 2. 1962.
2) Der Begriff „offene" Porosität ist eine sowjetische Begriffswandlung der bisher — und in den USA noch heute — gebräuchlichen „effektiven" Porosität. „Offene" und die früher gebräuchliche „effektive" Porosität sind im Grunde Synonyme. Neuerdings wird in der Sowjetunion unter „effektiver Porosität" das Produkt aus offener Porosität und dem Erdölsättigungskoeffizienten verstanden, d. h. die sog. Nutzporosität.

Zur Methodik der Berechnung prognostischer Erdöl- und Erdgasvorräte

In der Sowjetunion und z. T. auch bei uns ist neben anderen folgende Methode recht verbreitet:

a) Für eine bestimmte, teilerkundete Fläche (z. B. 1000 km^2) wird die Anzahl der nachgewiesenen Strukturen ermittelt und die Annahme unterstellt, daß in dem einzuschätzenden Gebiet dieses Verhältnis (Fläche: Anzahl der Strukturen) gleichbleibt.

b) Aus der Zahl der als erdgas-erdöl-führend nachgewiesenen (fündigen) Strukturen und der Zahl der insgesamt untersuchten Strukturen wird ein Koeffizient (Quotient) errechnet, der als Erfolgs- oder „Glückstreffer"-Koeffizient bezeichnet wird.

c) Aus a) und b) läßt sich nun die Zahl der zu erwartenden fündigen Strukturen errechnen. Diese Gesamtzahl wird mit dem durchschnittlichen Vorrat der „fündigen" Strukturen multipliziert (unter Berücksichtigung der Größenunterschiede) und so der prognostische Vorrat des einzuschätzenden Gebietes ermittelt.

Diese Methode ist nicht nur schematisch und grob, sondern auch sehr subjektiv. Es sei nur auf die mangelnde geologische Analyse hingewiesen und auf die Tatsache, daß nur die Vorräte in Strukturfallen erfaßt werden. Etwas näher sei der sogen. Erfolgskoeffizient betrachtet. Dieser Koeffizient drückt seiner Herkunft nach nicht eine bestimmte Verbreitung der Erdöl-Erdgas-Führung aus (obwohl er in dieser Eigenschaft verwendet wird), sondern eher die Qualität der geologischen Arbeit (z. B. ob ein Bohrprogramm wohlüberlegt und wissenschaftlich begründet war oder nicht). Der Erfolgskoeffizient ist außerdem stark von Zufälligkeiten abhängig (in welchem Teil der erdölführenden Provinz zuerst gearbeitet wurde, welche Strukturen unter gleichwertigen zuerst abgebohrt wurden usw.).

Amerikanische Geologen haben vorgeschlagen, die prognostischen Vorräte mit Hilfe eines für 1 km^3 sedimentärer Ablagerungen berechneten mittleren Vorratsinhaltes zu berechnen. Dieser Vorschlag hat — abgesehen von der fehlenden Geologie und seiner Ungenauigkeit — zwei wesentliche Mängel: Er gibt für Sucharbeiten keine Orientierung auf die aussichtsreichsten Gebiete und übersieht die Tatsache, daß der Erdölinhalt einzelner Bassins und Territorien außerordentlich schwankt. W. L. RUSSEL z. B., der diesen letzten Mangel beseitigen wollte, hat für die Ölbassins der USA Werte angegeben, die zwischen 200 und 5800 liegen. Wenn diese Angaben für amerikanische Verhältnisse noch einen gewissen Sinn haben, nämlich die Erfolgsaussichten von Bohrungen, die aufs Geratewohl angesetzt sind (sogen. wild cats), einzuschätzen, können sie doch nicht zur Berechnung prognostischer Vorräte herangezogen werden. Prognostische Vorräte können nicht berechnet werden, wenn die Geologie des betreffenden Gebietes nicht gründlich analysiert und berücksichtigt wird, wenn vorliegende Erfahrungen nicht ausgewertet werden.

Ein beachtenswerter Vorschlag zur Berechnung prognostischer Erdöl-Erdgas-Vorräte

M. A. SHDANOW hat in einer 1959 erschienenen Arbeit eine Methode vorgeschlagen, die nach unserer Meinung einen Weg zur Lösung weist, die außerdem entwicklungsfähig ist und verfeinert werden könnte.

Vor allem unterscheidet SHDANOW zwei Stadien bei der vorzunehmenden Arbeit: Im ersten erfolgt eine qualitative Einschätzung des betrachteten Gebietes, im zweiten die quantitative Einschätzung, bei der die Prognose in Tonnen Erdöl bzw. Nm^3 Erdgas ausgedrückt wird. Am Anfang steht also die geologische Analyse (und ihre Interpretation), und dann werden die erhaltenen Resultate in Vorratsziffern „übersetzt". Die geologische Analyse eines Gebietes muß im Hinblick auf eine mögliche Erdöl-Erdgas-Führung der untersuchten Fläche durchgeführt werden. Sie läßt sich von dem gegenwärtig erreichten Stand unseres Wissens über die Ursachen und Bedingungen leiten, die zur Bildung und Erhaltung von Gas- und Öllagern führen. Die Kriterien einer Erdöl-Erdgas-Führung beziehen sich auf Angaben zur Tektonik (einschl. Geotektonik), Stratigraphie (einschließlich Paläogeographie und Paläogeologie), Lithologie (einschließlich Untersuchungen über die Fazies- und Sedimentationsverhältnisse), Geochemie (einschließlich der Spuren und Anzeichen einer Erdöl-Erdgas-Führung), Hydrogeologie, Hydrochemie usw.

Auf Grund des Studiums dieser Kriterien können komplexe Prognosekarten ausgearbeitet (die alle positiven bzw. günstigen Daten und Indikationen enthalten) und auf diesen eine Einstufung der Gesamtfläche nach Höffigkeitsgraden vorgenommen werden (SHDANOW spricht von einer Klasseneinteilung der Gesamtfläche).

Jede einzelne Flächen-„Klasse" erhält nach einer von ihm vorgeschlagenen Skala für die Kriterien der Tektonik und die Lithologie-Fazies eine Bewertung in Punkten[3]). Die Punkte der einzelnen Kriterien werden lt. Vorschlag von SHDANOW miteinander multipliziert.

Die abschließende Aufgabe besteht schließlich darin, für die errechneten Punkte ein Tonnenäquivalent zu finden.

In der von SHDANOW vorgeschlagenen Höffigkeitsskala kann eine Fläche maximal 100 Punkte erhalten. Wenn beispielsweise für eine geologisch analoge, erkundete Fläche festgestellt wurde, daß pro Flächeneinheit (m^2, ha, km^2 usw.) der Ölvorrat z. B. 1500 t für 1 m effektiver ölführender Mächtigkeit beträgt, ist der Wert eines Punktes:

$$\frac{1500}{100} = 15 \text{ t}$$

Angenommen, eine vorliegende geologisch analoge prognostische Fläche habe für das tektonische Kriterium 10 und für das lithologisch-fazielle 5 Punkte erhalten, dann hat eine Flächeneinheit (m^2, ha, km^2 usw.) für jeden Meter effektiver ölführender Mächtigkeit einen prognostischen Vorrat von

$$50 \cdot 15 = 750 \text{ t}$$

Wenn die summierte ölführende Mächtigkeit aller Sedimente (oder einer Schicht oder Folge) z. B. 100 Meter beträgt, errechnet sich für die betreffende Flächeneinheit (m^2, ha ...) der prognostische Vorrat mit 75000 t.

Der Vorschlag SHDANOWs berücksichtigt offensichtlich ausreichend die spezifischen geologischen Verhältnisse des betrachteten Gebietes und die vorliegenden Erfahrungen. Notwendige Verfeinerungen dieses Verfahrens sind durchaus möglich. Dieser Vorschlag be-

[3]) Die übrigen Kriterien werden nicht bewertet, da sie keine Aussage zur Menge enthalten.

rücksichtigt vor allem eines bei der Berechnung prognostischer Vorräte, was in den meisten anderen Vorschlägen fehlt, aber nach unserer Meinung die Hauptsache darstellt: die Geologie.

Zusammenfassung

Prognostische Vorräte können nur auf Grund einer eingehenden geologischen Analyse des betreffenden Gebietes berechnet werden. Formale arithmetisch-geometrische Verfahren sind abzulehnen. Die qualitative Einschätzung eines Gebietes (hinsichtlich einer möglichen Erdöl-Erdgas-Führung) muß der Mengenberechnung vorausgehen. Diese muß sich auf die qualitative Einschätzung stützen, Besonderheiten berücksichtigen und die Prognose in t resp. in Nm³ Vorrat ausdrücken.

Резюме

Прогнозные запасы могут быть подсчитаны только на основе детального геологического анализа соответствующего района. Надо отказаться от формальных арифметически-геометрических методов. Качественная оценка района (в отношении возможной нефтегазоносности) должна предшествовать количественному подсчету. Последний должен основываться на качественной оценке, учитывать особенности и выражать прогноз в Nm³ запасов.

Summary

Prognostic reserves can only be calculated on the basis of a detailed geological analysis of the area in question. Formal arithmetical-geometrical methods must be rejected. The quantitative calculation must be preceded by a qualitative estimate of an area (with a view to a potential petroleum-natural gas bearing). This must be based on the qualitative estimate, must consider peculiarities, and must express the prognosis in terms of tons and Nm³ respectively.

Literatur

BUJALOW, N. I., W. G. WASSILJEW, N. A. KALININ & S. N. SIMAKOW: Über die Klassifizierung prognostischer Vorräte an Erdöl und Gas und die Methodik ihrer Berechnung. — Geologija nefti i gasa, H. 11, 1961 (russ.).

SHDANOW, M. A.: Methoden der Einschätzung perspektivischer Vorräte an Erdöl und Gas. — Gosinti, Moskau 1959 (russ.).

STAMMBERGER, F.: Zur sowjetischen Diskussion über die Klassifizierung der prognostischen Vorräte an Erdöl und Erdgas. — Z. angew. Geol., 8, S. 237—239, Berlin 1962.

Richtlinien der ZVK über Form und Inhalt von Vorratsberechnungen (vom 4. Mai 1961). — Z. angew. Geol., 7, S. 454—455, Berlin 1961.

Die miozänen Salzlagerstätten im Karpatenvorland[1])

ALEKSANDER GARLICKI, Warszawa

In Polen sind zwei salzführende Formationen bekannt: der im Norden verbreitete Zechstein und das im Süden längs des Karpatenrandes auftretende Miozän.

Die salzführende Miozänformation ist eng mit der Tektonik der Karpaten verbunden. Nachdem sich vor der letzten gebirgsbildenden Phase im Paläogen bzw. zu Beginn des Neogens das Gebiet zwischen den Karpaten und der Sanmündung gesenkt hatte, wurde es von den Ausläufern der Tethys überflutet, die Mähren, Śląsk (Schlesien) sowie das Vorland der Karpaten bis zum Siebenbürger Becken überschwemmte.

Infolge der tertiären orogenen Bewegungen erfolgten im Miozän mehrmals Regressionen und Transgressionen des Meeres, die die erhebliche fazielle Differenzierung der Sedimente bewirkten. Der überwiegende Teil der Miozänbildung im Karpatenvorland gehört zum Torton, das sich in drei Stufen gliedert:

Obertorton — Buhlowian
Mitteltorton — Grabowian
Untertorton — Opolian

Während des tektonisch unruhigen Untertortons herrschten aride Verhältnisse. Im Siebenbürger Raum kennt man zwei große vulkanische Zentren, deren Aschen über weite Entfernungen verfrachtet wurden. Im Karpatenvorland kam es so zur Sedimentation der Dazittuffite, die einen annähernd aushaltenden stratigraphischen Horizont im Untersuchungsgebiet bilden. Die salzführende Formation im Gebiet von Śląsk bis nach Bochnia, Brzesko und Tarnów wird dem Untertorton (Opolian-Unterstufe) zugerechnet. Sie besteht aus grauen Tonen, Tonsteinen und Tonschiefern mit Einlagerungen von Sanden, Sandsteinen, Sideritmergeln und Dolomit sowie mit Florenresten, Pyrit, Quarz und Kohlenstaub. Dieser im allgemeinen über 500 m mächtige Schichtenkomplex enthält eine Serie chemischer Sedimente, die zu einem erheblichen Teil in subsalinarer Fazies ausgebildet sind (tonige Gipsgesteine).

[1]) Vortrag, gehalten auf dem I. Internationalen Kolloquium junger Geologen vom 2.—8. 10. 1960 in Potsdam

Bereits nach Ablagerung der Salzformation bewirkte die letzte hier auftretende orogene Phase die Anfaltung der Karpaten. Durch diese Anfaltung entstanden zahlreiche Schuppen, Schollen und Überschiebungsdecken. Die salzführenden Miozänablagerungen wurden gefaltet und vom Süden her an zahlreichen Stellen von den Karpaten überfahren. In nördlicher Richtung klingt die Faltung aus, und bereits etwa 15 km vom Überschiebungsrand entfernt liegt das Miozän horizontal.

Eine erneute Transgression des Meeres im mittleren Torton führte zur Sedimentation der sandigen Grabowiec-Bildungen. Das Mitteltorton lagert also diskordant auf dem salzführenden Untertorton.

Die Miozänsedimente liegen in Śląsk unmittelbar auf Karbon, im Gebiet von Kraków und Bochnia dagegen auf jurassischen bzw. jurassisch-kretazischen Bildungen. Von Swoszowice bis Bochnia und Wieliczka sinkt der jurassische Untergrund von 200 m Teufe bis über 1000 m ab. Dieser Teufenunterschied des Untergrundes bedingte die ebenfalls nach Osten hin zunehmende Mächtigkeit der Miozänsedimente.

Die Flyschbildungen der Karpatenüberschiebung bestehen vorwiegend aus Sandsteinen und Schiefern. Die an der Stirn der Überschiebung zertrümmerten und gefalteten Miozänschichten bilden einen gasführenden Horizont. Die am Karpatenrand niedergebrachten Bohrungen trafen an zahlreichen Stellen Sole und Gas unter Drücken bis zu einigen Dutzend Atmosphären an.

An den meisten Aufschlüssen läßt sich die Bedeutung der Tektonik während der Genese der Lagerstätten erkennen. In den am Karpatenrand steil aufgerichteten Faltenzügen der salzführenden Formation können Gleit-, Abscher- und ähnliche Erscheinungen beobachtet werden, die zu Salzwanderungen mit örtlichen Anstauungen der primär geringmächtigen Salzlager führten.

Die Serie der chemischen Sedimente ist zehn bis einige Dutzend Meter mächtig und beginnt mit tonigmergeligen Bildungen. Im Hangenden folgen karbonatische Ablagerungen (Dolomit), Sulfate (Anhydritletten) und schließlich Steinsalze mit Einlagerungen von Ton, Anhydrit und Gips. Im gesamten Gebiet von Śląsk bis in die Gegend von Bochnia konnten Kali- und Magnesiumsalze nicht nachgewiesen werden. Über den Steinsalzen treten sulfatisch-mergelige und dolomitische Bildungen auf.

Obgleich die Verbreitung des salinaren Miozäns lückenlos von Śląsk über Skawina, Wieliczka, Bochnia und die Westukraine hinaus bis nach Rumänien festgestellt wurde, treten die Steinsalzlagerstätten nur in verhältnismäßig eng begrenzten Gebieten auf, in denen günstige Bedingungen für die Sedimentation von Evaporaten herrschten (s. Abb.).

Die miozänen Steinsalzlagerstätten der Westukraine sind z. B.: Lacko, Drohobycz, Stebnik, Dolina, Kałusz, Kosów. In den Lagerstätten Kałusz, Stebnik und Hołyń kommen Kalimagnesiumsalze mit einem Übergewicht von Sulfatsalzen vor.

In Polen findet man miozäne Steinsalzlagerstätten in zwei Gebieten:

1. in Górny Śląsk (Oberschlesien) in der Gegend von Rybnik — Żory — Orzesze und
2. in der Wojewodschaft Kraków im Gebiet von Wieliczka und Bochnia.

Die Lagerstätte von Rybnik — Żory — Orzesze, etwa 12 km lang und 7 km breit, ist die einzige miozäne Steinsalzlagerstätte, die infolge ihrer verhältnismäßig großen Entfernung vom Karpatenrand nicht durch die Karpatenflyschüberschiebungen gestört wurde. Hier lagert in einer Teufe von 200 bis 300 m über dem produktiven Karbon eine 50 bis 80 m mächtige Serie chemischer Sedimente. Das Gebiet stellt ein ausgedehntes, in seinem obersten Teil mit Paläogenbildungen ausgefülltes Becken dar. Die Lagerstätte enthält vorwiegend grobkörniges Steinsalz. Das stärkste Flöz erreicht eine Mächtigkeit von über 20 m. Die Lagerung ist ruhig, das Einfallen beträgt maximal 5°. Über den chemischen Sedimenten liegen tonig-sandige Bildungen; schließlich folgt das Quartär mit Lehmen und Sanden.

Diese Lagerstätte, die durch zahlreiche Bohrungen erkundet wurde, wurde bergmännisch noch nicht aufgeschlossen.

Das Steinsalzvorkommen von Wieliczka, das seit etwa 1000 Jahren abgebaut wird, ist etwa 1 km breit und 6 km lang und erstreckt sich in W—E-Richtung. Die Lagerstätte ist durch acht Sohlen bis zu einer Teufe von über 300 m aufgeschlossen. Die Serie der Evaporate, deren Mächtigkeit gewöhnlich ca. 80 m beträgt, umfaßt mehrere Zyklen. Im Profil treten vom Liegenden zum Hangenden auf: Sandsteine mit Anhydrit- bzw. Salzgefüge, Tone mit Anhydrit und Salzschichten, fein- und mittelkörniges Steinsalz, ein Schichtenpaket von feinkörnigem Salz. Im hangendsten Teil der Lagerstätte liegen Salztone und Haselgebirge mit Schollen von grobkörnigem Salz, sog. Grünsalz. Von Süden her wurde die Lagerstätte von Karpatenflysch überschoben. Nördlich der Lagerstätte wird Untertorton von Mitteltorton überlagert.

Im unteren, tektonisch stark gestörten Teil der Lagerstätte kommen in überkippten Falten, die in Schuppen übergehen, geschichtete Salze vor. Den oberen Teil bilden massige Tone mit Grünsalzklumpen. Früher wurden vorzugsweise Grünsalze abgebaut, gegenwärtig stehen die liegenden geschichteten Salze im Abbau. Es werden zwei Abbauverfahren angewandt: das „trockene" Kammerverfahren und das „nasse" Untertageverfahren mit fließendem Wasser (Aussolung). Die gewonnene Sole wird zutage gefördert und in einer Vakuumsiederei abgedampft.

Die Lagerstätte von Barycz liegt etwa 2 bis 3 km westlich Wieliczka. Sie ist 1 km breit und 1 km lang und stellt die südwestliche Verlängerung des Salzvorkommens von Wieliczka dar. Sie besteht aus einem 30—50 m mächtigen Komplex intensiv gefalteter Schichten (Karpatenrand), die denen von Wieliczka stratigraphisch gleichzustellen sind und in einer Teufe von 200 bis 300 m liegen. Im Liegenden der Lagerstätte treten Jurakalke auf, die hier flacher als in Wieliczka liegen und durch einige Brüche verworfen sind. Die Lagerstätte wird durch Aussolung mittels Übertagebohrungen exploitiert. Die Sole wird dem nahegelegenen chemischen Werk zur Weiterverarbeitung zugeführt.

Die Lagerstätte von Łężkowice—Siedlec liegt am Raba-Fluß etwa 20 km östlich Wieliczka und 8 km westlich Bochnia und streicht E—W (über 3 km Länge und 1 km Breite). Sie wurde in den letzten Jahren durch vom Geologischen Institut niedergebrachte Bohrungen entdeckt. Der östliche, am Karpatenrand gelegene Teil ist tektonisch stark gestört und setzt sich aus zwei steil nach Süden einfallenden Sätteln zusammen. In diesem Teil tritt das Steinsalz in einer Teufe von 50 bis 350 m auf.

Der westliche Teil der Lagerstätte ist weniger gestört. Die Serie der chemischen Sedimente mit Steinsalz liegt hier in einer Teufe von 40 bis 400 m. Weiter nordwärts fällt der Schichtenkomplex mit mäßigem Winkel auf das vor dem Karpatenrand ungestörte Miozän ein. 3 km von der Lagerstätte entfernt ist die Serie noch etwa 40 m mächtig und lagert fast horizontal

Abb. 1. Die miozänen Salzlagerstätten Volkspolens am Karpatenrand

1 — Lagerstätte, 2 — Grenze der Karpatenüberschiebung

(Einfallen 0° bis 5°) in 700 m Teufe und zeigt normale stratigraphische Verhältnisse.

Das charakteristischste und gleichzeitig mächtigste Glied der Evaporatserie ist das fein- und mittelkörnige Grausalz, ein ziemlich reines Steinsalz mit verstreuten Anhydritsandkörnern und Anhydrittrauben. Ferner tritt das fein- und mittelkörnige Tonsalz (mit dünnen Tonlagen) auf. Die Ausbildung dieser Serie ist derjenigen von Bochnia ähnlich. Die Gesamtmächtigkeit der Salzlager überschreitet im Westen der Lagerstätte 100 m. Hier liegen die Schichten auch in der geringsten Teufe (38,5 m).

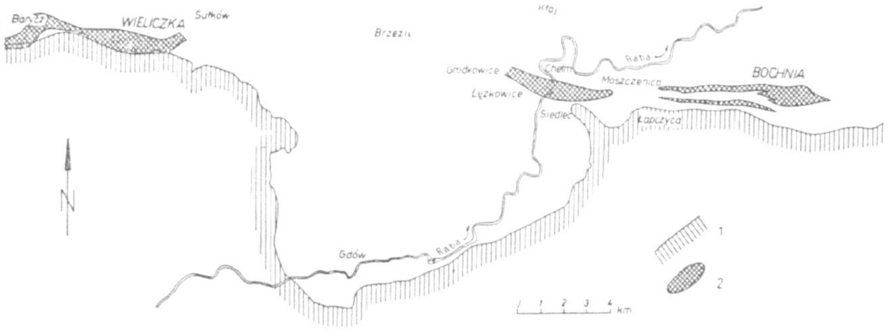

Abb. 2. Die miozänen Salzlagerstätten Volkspolens am Karpatenrand, östlicher Teil

1 — Grenze der Karpatenüberschiebung, 2 — Lagerstätte

Der Abbau der Lagerstätte von Łężkowice—Siedlec soll durch Aussolung erfolgen.

Die Lagerstätte von Bochnia, seit über 700 Jahren im Abbau, erstreckt sich über 7 km von West nach Ost. Ihre Breite liegt zwischen mehreren Dutzend und 200 Metern. Die Lagerstätte ist durch 12 Solen bis zu einer Teufe von 450 m aufgeschlossen. Als tektonisches Hauptelement ist der Nordsattel (Falte von Bochnia) anzusehen. Im Nordschenkel befinden sich die Grubenbaue. Etwa parallel dem Nordsattel streicht der Südsattel (Falte von Uzbornia), der von Süden her von Karpatenflysch überschoben wurde. Flysch bildet auch die Sattelkerne.

Der obere Teil der im Abbau befindlichen Lagerstätte steht fast senkrecht. Ab 200 bis 300 m Teufe fallen die Schichten mit 15° bis 45° nach Süden ein. In Bochnia lassen sich Schichtenkomplexe mit unterschiedlichen Steinsalzen aussondern, die von den Bergleuten — ausgehend von der Lage der Hauptverbreitung der Salze in der Horizontalen — in Süd-, Mittel- und Nordsalze gegliedert werden. Hauptgegenstand der Gewinnung sind die innerhalb der Mittelsalze auftretenden Bändersalze. Beim Abbau wird das Kammerbruchverfahren mit Versatz angewandt.

Die bauwürdigen Vorräte der Lagerstätten von Wieliczka, Barycz und Bochnia gehen ihrer Erschöpfung entgegen. Im Karpatenvorland zwischen Wieliczka und Bochnia, ferner auch östlich Bochnia bestehen weitere Möglichkeiten zur Entdeckung neuer Lagerstätten. In Anbetracht der umfangreichen Steinsalzvorräte der in Nordpolen entdeckten Zechsteinsalzlagerstätten verlieren jedoch die miozänen Steinsalzlagerstätten bzw. -vorkommen etwas an wirtschaftlicher Bedeutung.

Vorkommen von Pyrit im Grubenfeld des VEB Kaliwerk „Glückauf", Sondershausen

(Vorläufige Mitteilung)

GERHARD HILDEBRAND, Sondershausen

Die sekundären Bildungen innerhalb unserer Kalisalzlagerstätten sind besonders im Zusammenhang mit genetischen Fragen von jeher Gegenstand eingehender Untersuchungen.

In den Grubenfeldern des VEB Kaliwerk „Glückauf" sind mehrere bemerkenswerte Fundstellen von Pyrit und in einem Falle auch Pyrrhotin aufgeschlossen worden.

Das Pyritvorkommen im Nordfeld der Grube V

Im November vergangenen Jahres wurde im Abbau 5 n. SE aus der 5. westl. Abteilungsstrecke das z. Z. interessanteste Vorkommen von Pyrit angefahren.

Konkordant in die Schichtenfolge der Hangendgruppe des K 2 ist eine linsenförmige, stark anhydritische Partie (0,05—0,7 m mächtig) eingelagert. Es handelt sich hierbei um eine Wechsellagerung von Anhydritlagen mit Steinsalzschichten (mehr oder weniger sylvinführend) sowie zwischengeschalteten feinsten Lagen sapropelitischer Substanz. Innerhalb dieses Horizontes hat auf einer Fläche von ca. 200 m² eine Pyritvererzung stattgefunden.

Die gesamte Schichtenfolge läßt im Bereich der Vererzung und deren unmittelbaren Umgebung deutlich Umwandlungserscheinungen durch Sekundärbeeinflussung erkennen. Die Pyritführung ist innerhalb des beschriebenen Horizontes nachweislich an die Verbreitung der sapropelitischen Substanz gebunden.

Der Pyrit liegt in den schwarzen sapropelitischen Lagen als Anhäufung von überwiegend würfeligen Kristallen, teils aber auch in Form feinster Blättchen und Körnchen vor. Sehr gut ausgebildete Pyritkristalle mit würfeligem und vorwiegend kurzprismatischem Habitus (von mikroskopisch kleinen Größen bis zu solchen mit 4 cm Kantenlänge) finden sich in den Anhydritlagen und den Zwischenmitteln sowie verstärkt auftretend in Anreicherungen von sapropelitischer Substanz. Sie erscheinen gleichsam wie auf den Würfelecken „aufgestellt". An mehreren Kristallen konnten Kombinationen von Hexaedern, Oktaedern und Deltoid-Ikositetraedern nachgewiesen werden. Verschiedentlich wurden auch Zwillingsbildungen und Verwachsungen beobachtet.

Die Mittel zwischen den Anhydritlagen und den sapropelitischen Anreicherungszonen bestehen nach vorläufigen Untersuchungen aus Steinsalz, Anhydrit (z. T. nadelige bis stengelige, sich durchdringende Kristalle), Sylvin, Kieserit und Kainit. In der Umgebung der vererzten Partien ist eine Ausbleichung der Begleitschichten feststellbar.

Weitere Vorkommen von Pyrit im Kaliwerk „Glückauf“

Im Nordfeld der Grube I sind 2 Fundstellen von Pyrit innerhalb anhydritischer Vertaubungen aufgeschlossen:

a) 2. westl. Abteilungsstrecke, 200 m nördlich der Diagonalen, Vorkommen von gut ausgebildeten Pyritkristallen in Verbindung mit grauschwarzen Anhydritlagen und sapropelitischer Substanz;

b) 6. nördl. Parallele, 6 m ab Strecke 22, Pyritwürfel bis 6 mm Kantenlänge in Assoziation mit Boracitkristallen bis 2 mm Größe.

ILLNER erwähnt ein weiteres Pyritvorkommen im Hartsalz aus der 750-m-Teilstrecke (Grube I), wo beim Anschlagen des Salzgesteins von ihm starker H_2S-Geruch wahrgenommen wurde.

Ein Vorkommen von Pyrit im Carnallitit eines Mischsalzgebietes in Verbindung mit grauen Anhydritkonkretionen und grauschwarzem Carnallit wurde von GRAUL aus der 1. Teilstrecke (Grube V) beschrieben. In dem grauen Carnallit waren keine Hämatitblättchen nachweisbar. In den Zentren der Anhydritkonkretionen konnten mikroskopisch kleine Boracite festgestellt werden.

Zusammenfassung

In der Vergangenheit wurden im Kaliflöz „Staßfurt“ durch die bergmännischen Auffahrungen in den Grubenfeldern des VEB Kaliwerk „Glückauf“, Sondershausen, mehrere Pyritvorkommen aufgeschlossen. Das Auftreten von Pyrit steht in engem Zusammenhang mit Anreicherungszonen von sapropelitischer Substanz. In unmittelbarer Nähe der vererzten Partien lassen sich sekundäre Umwandlungserscheinungen nachweisen.

Literatur

DRESSLER, M: Mineralogisch-petrographische Untersuchung des Grubenfeldes von „Glückauf-Sondershausen“, Schacht I. – Diplomarbeit, Jena 1957 (unveröff.).

GRAUL, G.: Mineralogisch-petrographische Untersuchung der Grubenfelder „Glückauf“ V und VI, Sondershausen. – Diplomarbeit, Jena 1959 (unveröff.).

ILLNER, N.: Mineralogisch-petrographische Untersuchung der Kaligrube „Glückauf-Sondershausen“, Schacht I u. II. – Diplomarbeit, Jena 1958 (unveröff.).

Kolloquium „Tiefbohrzemente“

HANS OTTO JOKSCH, Berlin

In der Zeit vom 15.–20. Januar 1962 fand in Berlin auf Veranlassung der Staatlichen Geologischen Kommission ein Kolloquium über Tiefbohrzemente statt. Außer unseren eigenen Fachleuten waren auch eine Anzahl ausländischer Experten erschienen, um sich an den Vorträgen und den anschließenden Diskussionen zu beteiligen.

Das Problem der bei der Zementage von Tiefbohrungen verwendeten Zemente spielt in der Deutschen Demokratischen Republik seit der intensiven Erdöl- und Erdgaserkundung eine bedeutende Rolle. Die bisherigen Erfahrungen bei der Zementation von Tiefbohrungen zeigten eine Anzahl von Mängeln, die teils während der Zementation selbst, teils nach ihr auftraten. Es war offenkundig, daß die bei der Zementage verwendeten Portlandzemente den an sie im Bohrloch gestellten Anforderungen nicht entsprachen. Mit zunehmender Teufe der Bohrungen wuchsen die Schwierigkeiten. Die Abbindezeit war zu gering. Die Festigkeit ließ zu wünschen übrig. Aber noch gefährlicher war die Unbeständigkeit gegen aggressive Wässer, so daß ein allmähliches Zersetzen der Zementkörper in den Sonden zu befürchten war.

Die Erdölerkundung in der Deutschen Demokratischen Republik erstreckt sich vorwiegend auf tiefliegende geologische Horizonte. Zwischen ihnen und der Oberfläche liegen häufig mächtige Salzkomplexe, die durchörtert werden müssen. Infolgedessen ist im Bohrloch ständig mit der Anwesenheit stark aggressiver Wässer zu rechnen. Die mit diesen Dingen in Zusammenhang stehenden Fragen machten es erforderlich, sich mit dem Problem der Tiefbohrzemente eingehend zu befassen, einen speziellen Tiefbohrzement zu entwickeln, zu erproben und in die Bohrpraxis einzuführen.

Unter der Leitung der Staatlichen Geologischen Kommission wurde eine Arbeitsgruppe ins Leben gerufen, die unter der maßgebenden Mitarbeit des Instituts für Zement, Dessau, in kurzer Zeit diese umfangreiche und arbeitsintensive Aufgabe zur großen Zufriedenheit bewältigte.

Im Kolloquium referierte einleitend W. HESSMANN, Berlin, über „Geologische Probleme bei der Zementage von Tiefbohrungen in der DDR“. In allgemeinen Zügen umriß er die geologischen Gegebenheiten und die von seiten der Geologie an die Zementage zu stellenden Anforderungen.

K. SCHULZE, Gommern, referierte über die „Verwendung von Spezialzementen und Zusätzen im Bohrfeld“. Hierbei wurden Fragen der Abbindeverzögerung und Abbindebeschleunigung von Zementen durch chemische Zusatzstoffe, Möglichkeiten der Verbesserung der Festigkeit durch Zusatz anderer Feststoffe, wie Sande, und die Probleme der Reduzierung der spezifischen Masse des Zementbreies durch geeignete Zusatzmaterialien zur Erleichterung der Zementsäule zwecks Vermeidung eines übergroßen hydrostatischen Druckes erörtert.

Die anschließenden Vorträge von F. K. SCHLÜNZ, Dessau, „Entwicklung von Spezialzementen“ und E. FUNGK, Dessau, „Entwicklung von Tiefbohrzementen“ führten zum Kernpunkt der Verhandlungen. In Zusammenarbeit mit ungarischen Fachkollegen, die spezielle Meßgeräte für bestimmte Messungen zur Verfügung stellten, wurden Versuchsreihen im Labor gefahren, bis ein Zement gefunden war, der für wert befunden wurde, in größeren Mengen hergestellt und im Bohrfeld erprobt zu werden. Das Ergebnis der Bohrfelderprobung war zufriedenstellend, so daß die entwickelte Zementrezeptur der Zementindustrie übergeben werden konnte.

Damit stellte sich jedoch sogleich eine große Schwierigkeit ein, die darin besteht, daß in kaum einem Land ein Zementwerk arbeitet, dessen Kapazität mit dem relativ geringen Bedarf an derartigen Spezialzementen des Landes ausgelastet wäre, während das Nebeneinanderproduzieren mehrerer Zementsorten in einem Werk ökonomisch nicht vertretbar ist.

Eine Umschau bei einigen benachbarten sozialistischen Ländern ergab, daß ein brauchbarer Tiefbohrzement nicht existiert, so daß ein Import von dort auch nicht in Frage kam.

Die Möglichkeit, die verbleibende Produktion von Tiefbohrzement in anderen Sektoren der Bauwirtschaft, besonders Schacht-, Grund-, Kanal- und Wasserbauten sowie bei der Asbest-Beton-Fertigung einzusetzen, ergab die Notwendigkeit, diesen neuentwickelten Zement den genannten Industriezweigen des Bauwesens wie auch den ausländischen Interessenten anzubieten. Da es auf dem Sektor der Tiefbohrzementation noch eine Fülle von ungelösten Problemen gibt, lag es auf der Hand, eine Aussprache mit allen Interessenten in dem obenerwähnten Rahmen in Gang zu bringen.

Nach der Behandlung dieser speziellen Fertigungs- und Verwertungsprobleme sprach K. H. DREWITZ, Berlin, über „Fragen der technischen Durchführung von Zementationen“ und lenkte die Aufmerksamkeit auf Fragen der Zementationstechnik. K. LEHNERT, Gommern, erörterte in seinem Referat „Prüfung von Bohrlochzementationen durch Bohrlochmessungen“ die äußerst interessanten Fragen der Kontrolle von Zementationen mit geophysikalischen Mitteln. Als Beispiele dienten ihm spezielle Fälle in Erdöl-Erdgas-Feldern der DDR. Abschließend sprachen H. MARKGRAF, Freiberg, über „Bekämpfung von Spülverlusten durch Zementationen“ und K. SCHULZE, Gommern, über „Prüfverfahren und Normen für Zemente“.

Dieser zwei Tage dauernden Vortragsreihe war eine zweitägige Exkursion angeschlossen, bei der versucht wurde, die theoretisch erörterten Probleme praktisch zu demonstrieren. Wie erwartet, waren das Interesse und die Beteiligung, gemessen an der Spezialisiertheit des Themas, groß. Weitere Tagungen und Zusammenkünfte werden Spezialfragen dieses äußerst umfangreichen Problemkreises zu lösen haben.

H. SCHNEIDERHÖHN

Die Erzlagerstätten der Erde Bd. II: Die Pegmatite

Gustav-Fischer-Verlag, Stuttgart, 1961. — 720 S., 254 Abb. im Text und auf 16 Falttafeln

Besprochen von EBERHARD KAUTZSCH

Der zweite Band dieses groß angelegten Werkes ist im Vergleich zum ersten erheblich umfangreicher. Wenn die zu erwartenden folgenden Bände in gleicher Weise wie dieser jetzt vorliegende Band in so umfassender Form den Stoff abhandeln, wird hier eine Gesamtschau über den derzeitigen Kenntnisstand der Erzlagerstätten der Erde geschaffen, der an Vollständigkeit wenig zu wünschen übrigläßt.

Der Stoff dieses Bandes ist in sechs Hauptteile untergliedert:

Im ersten regionalen Teil wird auf 320 Seiten das gesamte dem Verf. auf Grund umfangreicher Literatur und eigener Beobachtungen zugängliche Tatsachenmaterial gebracht, das aus Mangel an sicheren genetischen Erkenntnissen geographisch gegliedert ist. Verf. ist der Meinung, daß voraussichtlich geotektonische Gesichtspunkte in Form der umfassenden Orogenesen I. Ordnung einmal als oberster Einteilungsgrund zu wählen seien. Zweifellos wird die Geotektonik eine sehr große Rolle spielen, darüber hinaus sind es aber wohl auch noch andere Gesichtspunkte, wie z. B. die Tiefenstockwerke, die sich in regionalgeologischer Beziehung in Form bestimmter Mineralparagenesen ausdrücken, oder geochemische Voraussetzungen, die die ursprünglichen Magmen bieten, u. a. m. Eine Klassifikation auf Grund dieser verschiedenen genetischen Gesichtspunkte ist u. a. das Ergebnis dieses Buches.

Hierzu werden zunächst im zweiten Teil die Phänomenologie und Physiographie in geologischer, geotektonisch-geomagmatischer, petrographischer, mineralogischer, chemischer und geochemischer Hinsicht zusammengefaßt. Hervorzuheben ist, daß hierbei — ebenso wie z. T. schon im regionalgeologischen Teil — die Anschauungen aller namhaften Pegmatitforscher in klarer und gedrängter Form gebracht werden.

Im dritten Teil werden in gleicher Weise die geophysikalisch-chemischen Zustandsformen, Bildungs- und Umbildungsvorgänge der Pegmatite abgehandelt und im vierten Teil dann die genetischen Anschauungen über die Pegmatite, denen der Verf. im fünften Teil seine eigene Anschauung über Natur und Bildung der Pegmatite gegenüberstellt. Bei der kritischen Gegenüberstellung der genetischen Ansichten wird versucht, viele Begriffe klar zu definieren, um auf diese Weise der Vielfalt der in der petrographischen Literatur bekannten Ausdrücke, die teilweise überflüssig und falsch sind, klärend entgegenzuwirken.

Zusammenfassend kommt der Verf. zu der Auffassung, daß die wichtigsten Eigenschaften der Pegmatite durch die Kristallisation einer überaus beweglichen Pegmatitschmelze, die ungemein reich an viskositätsvermindernden Bestandteilen war, erklärbar sind und daß die Kristallisation dazu in einem besonders begünstigten Temperaturbereich stattfand, wobei durch die Keimarmut während der ganzen Kristallisationsperiode besondere Verhältnisse geschaffen sind, die gegen Schluß immer noch mehr in dieser Richtung tendieren.

Geologisch sind Pegmatite als intrusive Abkömmlinge granitischer, seltener syenitischer, aber niemals basischer Magmen bei höherem Außendruck zwischen 500 und 5000 m Tiefe entstanden. Weltweite geochemisch gleiche Kriterien zeigen eine einheitliche Entstehung dieser „echten Pegmatite" seit den allerältesten Zeiten, was die Annahme einer juvenil-magmatischen Granitschale oder einer Pneumatosphäre im Sinne RITTMANNs stützt. Sie können entweder nur aus Pegmatitmagma als „rassereine Gesteine" oder durch Reaktion mit dem Nebengestein als Assimilationspegmatite mit viel Plagioklas, Titanit, Biotit, Titanomagnetit usw. entstanden sein. Dieser doppelten Gruppe stehen im metamorphen Grundgebirge die Pseudopegmatite gegenüber, für die eine genauere Kennzeichnung gegenüber den echten Pegmatiten noch fehlt. SCHNEIDERHÖHN nimmt an, daß in den meisten Fällen in ihnen die akzessorischen Pegmatitmineralien fehlen oder verkümmert sind und daß sie sich je nach dem Nebengestein und dessen Spurenelementen verschieden entwickelt haben. Er folgt hierbei den Gedanken vieler Pegmatitforscher, wie z. B. FERSMAN, nur definiert er klarer und eindeutiger. Geotektonisch gehören die Pegmatite nach Anschauungen von SCHNEIDERHÖHN dem synorogenen sialischen Plutonismus der großen orogenen Epochen an. Den anorogenen Graniten fehlen in der Regel Pegmatite. Der Verfasser faßt das Pegmatitmagma als ein echtes Restmagma auf und folgt hierbei BRÖGGER und NIGGLI gegenüber WLASSOW und VARLAMOFF, d. h., dieses Restmagma war nach der allmählichen Hauptkristallisation des sauersten Granitmagmas von Fall zu Fall übriggeblieben. Im Granit bilden sich Schlieren, Aufbrüche, Injektionen und Gänge, deren Zahl und Mannigfaltigkeit für bestimmte magmatische Einheiten groß sind. Die Phänotypen sind dabei zwar verschieden, aber der allgemeine Genotypus bleibt, besonders in bezug auf die Spurenelemente, gewahrt.

Eine definierte Altersfolge der Mineralausscheidung fehlt in der Regel in den Pegmatiten. Schriftgranitstruktur zwischen Quarz und Feldspat, aber auch zwischen Quarz und Turmalin und anderen Mineralpaaren ist weitverbreitet und direkt die Regel. Sie kommt am häufigsten in den Außenzonen vor und ist meist eine primäre Verwachsung und nicht auf ein Eutektikum im physikalisch-chemischen Sinne zurückzuführen. Ein sehr spontanes Kristallisationsvermögen auf Grund geringer Wärmeenergie, die ihre Ursache im Gehalt an leichtflüchtigen, die Wärmebilanz nicht ändernden Bestandteilen hat, verhindert die Vermehrung der Kristallkeime bei der Kristallisation. Die Gründe für die Riesenkörnigkeit liegen in der geringen Viskosität und in der erwähnten Keimarmut begründet. Zonaler Aufbau ist durch Bildung einer Kontaktzone, Außenzone, Zwischenzone und eines Kerns typisch. Reaktionen und innere Verdrängungen hängen davon ab, ob der Pegmatitprozeß ganz im geschlossenen System verlief oder im geschlossenen System eindrang und sich später im offenen System fortsetzte oder von Anfang an offen verlief. SCHNEIDERHÖHN nimmt an, daß geschlossene Systeme in der Regel vorhanden waren. Er betrachtet es als sicher, daß ältere Bestände gegenüber jüngeren Mineralien unbeständig waren, wobei er die Reaktion im Sinne des BOWENschen Reaktionsprinzips annimmt. Sowohl Hauptmineralbestand als auch akzessorische Mineralien wurden in vielen Einzelbeschreibungen in der Literatur behandelt, jedoch wird festgestellt, daß sie zusammenfassend und vergleichend vor allem in quantitativer Hinsicht noch wenig ausgewertet wurden. Chemisch bedeutet ein Übergewicht an Kali bei den Pegmatiten die Vorherrschaft primärer Kristallisationen. Ein Übergewicht von Natron bedeutet die Vorherrschaft späterer sekundärer Reaktionen.

Geochemischerseits bestehen in quantitativer und qualitativer Hinsicht große Verschiedenheiten, wobei die einzelnen, physiographisch zu unterscheidenden Etappen der Pegmatite kennzeichnende Vergesellschaftung aufweisen. Dabei sind eine ältere, rein magmatische Etappe, eine deutlich jüngere, speziell pegmatitische Etappe und eine noch jüngere, pneumatolytische Etappe zu unterscheiden, die zuletzt in hydrothermale Etappen übergehen.

Physikalisch-chemisch lassen die Druck-Temperatur- und Temperatur-Konzentrationsdiagramme von NIGGLI die verschiedensten Modifizierungen zu. Diese beziehen sich auf folgende Gegebenheiten: Natur der Stoffe, Zahl der Stoffe, ihre herrschenden chemischen und kristallchemischen Beeinflussungen, die Höhe des Außen- und Innendrucks und ihr gegenseitiges Verhältnis, Beziehungen des jeweiligen Drucks zur Temperatur, Tiefenlage der Pegmatitabspaltung, Tiefenlage der Pegmatitkristallisation, Fehlen oder Vorhandensein tektonischer Bewegungen, chemisch-mineralische Natur des Nebengesteins, Wärmeleitfähigkeit der Nebengesteine, Lage der Klüftungen im Raum und zum Kontakt, Geschwindigkeit der gesamten Abläufe, Verhalten der leichtflüchtigen Bestandteile während der Kristallisation.

Sie finden ihren Niederschlag in bestimmten Pegmatitsystemen, die äußerst komplexen Charakter besitzen. Dabei können spezielle physikalisch-chemische Verhalten für bestimmte Stoffe von ausschlaggebender Bedeutung sein.

Ein zusammengefaßtes Temperatur-, Phasen- und Paragenesen-Diagramm der Pegmatite, das in sechs Temperaturgruppen unterteilt ist, wird gegeben:

Temperatur	Phasen	Paragenesen
1000–700°	Magmatische Schmelzphase	Biotit → Plagioklas → Mikroklinperthit → Hochquarz
700–600°	Eigentl. Pegmatitphase	Mikroklinperthit, Hochquarz → Tiefquarz, Muskovit
600–570°	Umwandlungstemperatur Hochquarz → Tiefquarz	Beryll, Turmalin, Y-La-Mineralien, Zirkon, Niob-Tantal-Oxyde, Zinnstein
600–370°	Pneumatolytische Phase	Clevelandit, Lithiumsilikate, Lithiumphosphate, Berylliummineralien, Bormineralien, Manganphosphate, Niob-Tantal-Titan-Oxyde, Zinnstein, Wolframate, Caesium-Rubidium-Fluor-Mineralien
370°	Kritische Temperatur des Wassers	
370–50°	Hydrothermale Phase	Hydrolysierung der Silikate, Bildung feinkörniger Tonmineralien, Zeolithe, Karbonate von Ca, Mg, Fe, Mn, Sulfide von Fe, Cu, Zn, Pb

SCHNEIDERHÖHN kommt auf Grund des Vorstehenden zu bestimmten Pegmatitfolgen und zu bestimmten Folgerungen über die Klassifikation der Pegmatite, den Differentiationsverlauf, die Ursachen der Riesenkörnigkeit, die Entwicklung von Phasen, die Greisenbildung und die Wirkung auf die Nebengesteine nebst Assimilation. Alles Angeführte führt zu einer Klassifikation der Pegmatite, die im folgenden gegeben wird:

I. Echte magmatische Pegmatite

1. Rassereine Pegmatite (= reine Linie nach FERSMAN), nur aus pegmatitischen Lösungen entstanden.
2. Reaktions- oder Assimilationspegmatite (Kreuzlinie nach FERSMAN). Durch Einwirkung pegmatitischer Schmelzen auf Nebengesteine entstanden und verschieden nach dem vorherrschenden Chemismus:
   a) in Al-reichen Nebengesteinen entstehen die Pegmatitmineralien Cordierit, Andalusit, Sillimanit, Granat, Dumortierit, Chrysoberyll, Spinell, Korund;
   b) in Fe-Mg-Gesteinen (± Cr, V), besonders den basischen und ultrabasischen Eruptivgesteinen und ihren metamorphen Formen, bilden sich kein Quarz und kein Kalifeldspat, dagegen Biotit, Ilmenit, Smaragd u. a. (desilifizierte Pegmatite von FERSMAN);
   c) in karbonatischen Gesteinen entstehen Ca-reiche Plagioklase, Titanit u. a. Sie bilden die Übergänge zu Karbonatiten mit Nb-Mineralien;
   d) in marinen borreichen Schiefern entsteht viel Turmalin.
3. Metasomatische Pegmatite. Wie unter 2, nur potenziert.

II. Pseudopegmatite oder metamorphe Pegmatite („Pegmatoide"). Es sind dies pegmatitartige Sekretionen, entstanden durch metamorphe Differentiation bei der Anatexis, Granitisierung, Migmatitisierung u. ä.

Im einzelnen wird die Hauptgruppe I weiter unterteilt nach der vorwiegenden Zusammensetzung, ähnlich wie von FERSMAN oder GINSBURG. Genetisch finden bei der Pegmatitbildung aus dem Granitmagma als Ausgangsstoff nach der Hauptkristallisation die Bildung des pegmatitischen Restmagmas, die Platznahme und die Injektion usw. statt. Der spezielle Verlauf der Kristallisation mit ihren Folgen, die sich aus der extremen Beweglichkeit ergeben, die Keimarmut und -auslese, die Wachstumserscheinungen und Orientierung der Kristalle im Pegmatitraum werden beschrieben.

Im sechsten Hauptteil werden bergwirtschaftliche Gesichtspunkte auf 34 Seiten abgehandelt. Wir finden hier Übersichten über die Pegmatite als Rohstoffträger, ihre Bergtechnik und Bergwirtschaft. Z. B. werden Angaben über die Erkundung mit dem Flugzeug, über die geochemische und biochemische Prospektion, Probenahme, Vorräte, Aufschluß, Aufbereitung und Hinweise auf die Edelstein- und Schmucksteinpegmatite sowie bergwirtschaftliche Mengenangaben und Produktionsziffern gebracht.

Laut Literaturverzeichnis wurden 779 Arbeiten verwertet und angeführt. Ein ausführliches Sach- und Namensverzeichnis gibt dem Werk die letzten Ergänzungen. Das Werk füllt eine Lücke in unserem Kenntnisstand.

Verf. und Verlag kann man zur Herausgabe dieses Werkes beglückwünschen.

Lesesteine

Späte Erkenntnisse

Die in Westdeutschland erscheinende Zeitschrift „Chemische Industrie", Düsseldorf, Nr. 12, 1961, kam laut „Montan-Archiv", Nr. 12, 9. 2. 1962, unter anderem zu folgenden Erkenntnissen:

„Die Sowjetunion gehört heute zu den rohstoffreichsten Ländern der Erde... Nach amerikanischen Berichten stehen in der Sowjetunion ebensoviel Geologiestudenten in der Ausbildung wie in der gesamten westlichen Welt, und die gleiche Quelle spricht von über 40000 Geologen, die ständig unterwegs sind, um das riesige Land zu untersuchen, d. s. etwa doppelt soviel wie in den USA in Regierungsstellen, in der Industrie und an Hochschulen zusammen tätig sind... Bis 1945 waren etwa 75% des Landes derart kartographiert, 1960 sollen 100% erreicht worden sein. Obwohl es sich dabei im wesentlichen nur um die Festlegung der oberflächlichen Strukturen handelt, wurden bereits reichste Funde gemacht. ... Nach westlichen Schätzungen soll die Sowjetunion z. Z. wertmäßig etwa 16% der gesamten mineralischen Produktion der Welt bestreiten... Da die sowjetischen Zuwachsraten der Förderung in den letzten Jahren vielfach über denen der USA lagen, hat sich ihr prozentueller Anteil an der Weltproduktion z. T. stark vergrößert... Die Entwicklung seit 1938 ist besonders ausgeprägt bei der Förderung von Kupfererzen, bei der der sowjetische Anteil von 4,7% auf 12,5% der Weltproduktion stieg, bei Magnesium, von dem über 50% in der UdSSR hergestellt werden, und bei Nickelerzen mit einer Anteilsteigerung von 2,4% auf 17,9%...

Durch die großen Erfolge der Mineraliensuche in den letzten Jahren sind die bekannten Lager an verschiedenen Rohstoffen in der Tat so angestiegen, daß der Anspruch, die größten Kohlenvorräte, Eisen- und Manganerzbestände, Niob- und Tantalbestände der Welt zu besitzen, die größten Lager an Rohphosphaten, Kali, Erdgas usw. zu haben, vielfach zu Recht bestehen mag... Die Förderkosten für Kohle in Sibirien und Kasachstan sind angeblich um das Fünf- bis Sechsfache niedriger als im Donezbecken. Die Energieerzeugungskosten je kWh in den Wärmekraftwerken Sibiriens sollen sogar nur ein Zehntel der Kosten im europäischen Teil sein... Große Kupfer-, Chrom-, Titan-, Wolfram-, Blei-, Zink-, Molybdänvorkommen wurden erschlossen; Bauxit-, Nephelin-, Phosphorit- und Asbestlager und Steinsalzlager mit angeblich Hunderten von Milliarden Tonnen wurden entdeckt. Und, als wohl größte Überraschung, auch Erdöl und Erdgas wurden in diesem Raum gefunden."

Soweit die wörtlichen Ausführungen des Organs der westdeutschen chemischen Monopolindustrie. Uns bleiben zu schreiben nur noch einige abschließende Sätze. Wir in der DDR kennen seit langem und nicht erst seit Dezember 1961 diese Tatsachen. Die Parteitage der KPdSU haben diese Fragen in aller Offenheit angesprochen.

Weshalb dämmert es jetzt erst in Westdeutschland? Offensichtlich aus dem Grunde, daß nicht sein konnte, was auf der Grundlage der NATO-Ideologie nicht sein durfte. Erst nachdem sich in den USA gewisse Kreise ein realeres Bild von den Kräften in der Welt zu verschaffen gewillt sind, dürfen auch die europäischen Juniorenpartner die Weltlage etwas nüchterner betrachten. Wir fügen unsererseits den Wunsch hinzu: Diese immerhin späte Erkenntnis möge der Anfang sein einer Zeit vernünftigen Zusammenlebens.

K. KAUTER

Besprechungen und Referate

Zur epirogenen Geschichte des Saxonikums I

LOTZE, F.

Bau und Geschehen (Tektonik und Stratigraphie)

WOLBURG, J.

Sedimentations-Zyklen und Stratigraphie des Buntsandsteins in NW-Deutschland

,,Geotektonische Forschungen", H. 14, E. Schweizerbartsche Verlagsbuchhandlung, Stuttgart 1961 — 74 S., 12 Taf., 17 Abb. und 5 Tab. im Text und auf 12 Beilagen; geh. 28,— DM

Einleitend faßt F. LOTZE das Grundsätzliche und Wichtigste über die Beziehungen von Epirogenese und Orogenese zusammen und weist auf die Bedeutung der Stratigraphie für die geotektonische Forschung hin. Die für alpinotype Bereiche abgeleiteten Beziehungen zwischen Epirogenese und Orogenese zeigen sich — wenn auch nicht so deutlich und gesetzmäßig — in den ibero- und germanotypen Gebieten.

Der Stratigraphie fällt dabei die Aufgabe zu, in den den Orogenen benachbarten Sedimentationsräumen mit ihren lückenloseren Profilen den Ablauf der orogenen Vorgänge an den ,,synorogenen Sedimenten i. e. S." (LOTZE) zu rekonstruieren. Zwischen dem petrographischen Aufbau und der Schichtungsform eines Gesteinskomplexes einerseits und der tektonischen Deformation andererseits bestehen Beziehungen, so daß die stratigraphischen Arbeiten in diesem Sinne mit in den Aufgabenbereich der ,,Geotektonischen Forschungen" gehören.

J. WOLBURG behandelt in seiner Arbeit die Sedimentationszyklen und die spezielle Stratigraphie des Buntsandsteins, wie sie ihm in zahlreichen Tiefbohrungen im Emsland bekannt wurden. Außer den Gesteinsproben bildete besonders das geophysikalische Gamma-Ray-Log eine geeignete Grundlage der geologischen Auswertung. Unter eingehender Berücksichtigung der neueren Buntsandsteinliteratur (BOIGK, GUNZERT, HERRMANN, KREYSING u. a. m.) kommt WOLBURG zu dem Ergebnis, daß zumindest für den mittleren, typischsten Teil des Buntsandsteins im nordwestdeutschen Raum ein zyklischer Aufbau nach dem Dachbanktypus (Ton → Ton + Sand im Wechsel → Sand) vorliegt im Gegensatz zu den bisherigen Auffassungen des Zyklenablaufes: Sand → Ton (BOIGK u. a.).

Die ,,großzyklische" Sedimentation wiederholt sich im Buntsandstein sechsmal, wobei die Entwicklung von einem marin-lagunären Zustand an der Zechsteingrenze zu einem kontinental-fluviatilen Höhepunkt im 3. und 4. Zyklus und wieder zu einem lagunär-marinen Zustand im Röt und an der Muschelkalk-Grenze führt. Dieser zyklische Aufbau gibt gleichzeitig die kontinuierliche Verbindung zu den Zyklen des Zechsteins und Muschelkalkes im Liegenden und Hangenden und zeigt die Gesetzmäßigkeiten der epirogenetischen Senkungen und Hebungen in den genannten stratigraphischen Einheiten.

Anhand paläogeographischer Karten wird der Nachweis der Bildung von Schwellen und Senken geführt, die in der Anordnung der Sedimentmassen des Buntsandsteins entsprechend vorwiegend rheinischer, aber auch herzynischer, Strukturelemente des durchgepausten Untergrundes zum Ausdruck kommen.

Mit einer kritischen Betrachtung der Ergebnisse der Buntsandsteinforschung und mit dem Versuch, die Widersprüche zwischen der Oberflächenkartierung des Buntsandsteins in den angrenzenden Mittelgebirgen und den Ergebnissen der Tiefbohrungen zu klären, hat WOLBURG eine umfassende, bedeutende Arbeit vorgelegt, in die u. a. auch viele noch nicht veröffentlichte Bohrergebnisse und Berichte der Erdölindustrie eingearbeitet wurden. Die vorgeschlagene Buntsandsteingliederung dürfte jeden Geologen, besonders die Trias-Bearbeiter, interessieren. Darüber hinaus ist die paläogeographisch-tektonische Analyse für die Erdölgeologie von Wichtigkeit.

RUSITZKA

PETROWSKAJA, N. W.

Mineralgesellschaften und einige Bildungsbedingungen von Kieslagerstätten aus dem Südural

,,Geologija rudnych mestoroshdenij", H. 2, 1961, S. 23—44

Im vorliegenden Artikel ist reichhaltiges Material über die im Verlauf langanhaltender, mehrphasiger Vorgänge entstandenen Kieslagerstätten des Südurals zusammengestellt, insbesondere über Aufbau und Struktur der Erzkörper, sowie die Zusammensetzung von Mineralien verschiedenaltriger Paragenesen. Zusätzlich finden auch Fragen der Spurenelement- und Isotopenverteilung des Schwefels in den Sulfiden ihre Behandlung.

Die im Südural vorkommenden Kieslagerstätten entstanden im Verlauf folgender Bildungsetappen:

1. Ablagerung von vorwiegend pyritischen Massen — anfänglich als Gel — mit geringen Mengen anderer typischer Kieserze.
2. Deformation der abgelagerten Substanzen, Rekristallisation und lokale Umlagerungen durch die Zufuhr weiterer Lösungen, danach Ablagerung von Kupferkies und anderen Sulfiden in den am stärksten deformierten Gebieten.
3. Zerklüftung der Erze durch erneute tektonische Beanspruchung, wodurch die Zirkulation zinkreicher Lösungen ermöglicht wird. Auf den Klüften erfolgt die Ausfällung von Komplexgelen und ihre anschließende Rekristallisation.
4. Metamorphe Umlagerung der Erze und Ausfüllung von Klüften durch Gangmineralien mit Sulfidspuren im letzten Mineralisationsstadium.
5. Der gesamte Prozeß wird durch die Ablagerung von feinkörnigem Pyrit in Klüften und Ganggesteinen abgeschlossen.

Bei den durchgeführten Untersuchungen wurde besonderer Wert auf die Mikroparagenese gelegt. Die Analysenergebnisse zeigen deutliche Unterschiede in der Spurenelementverteilung der einzelnen Mineralbildungen. So ist der Pyrit der ersten Abfolge in den massigen Erzen von Udalinsk durch konstante Selen- und Tellurgehalte im Verhältnis 1,5:1 bis 1:1 gekennzeichnet. Der grobkörnige Pyrit weist im Vergleich zum jüngeren Pyrit 1,5- bis 3mal mehr Selen auf und besitzt auch einen erhöhten Gehalt an Tellur (von 0,1 bis 0,01% Te). Das deutet auf mögliche kleine Tellurid-Einschlüsse. Demgegenüber ist der jüngere, mit Zinkblende vergesellschaftete Pyrit fast vollständig selenfrei und an Tellur verarmt. Möglicherweise weist diese Tatsache auf eine ,,Selbstreinigung" der Mineralien bei der Rekristallisation hin, wie das bereits von FERSMAN angenommen wurde.

Pyrit wird in den nach der Zinkblende folgenden Bildungen erneut durch Tellur-Anreicherungen (2—3 mal größer als im ältesten Pyrit) wie auch durch das Vorkommen an Selen (bis 0,01%) gekennzeichnet. In den verschieden alten Kupferkiesbildungen sind Selen und Tellur gleichmäßig verteilt, reichern sich aber in den begleitenden Fahlerzen deutlich an. Auf diese Weise kann jede Abfolge durch den Spurenelementgehalt charakterisiert werden, wobei die Spurenelemente in den Mineralien Bedeutung als selbständige Kriterien für die Paragenesen-Bestimmung der Kieserze erlangen.

Weiter wurden die S-Isotopen-Verhältnisse dieser Kieserze untersucht. Der Pyrit der ersten Abfolge besitzt ein sehr gleichmäßiges S-Isotopen-Verhältnis von S_{32}/S_{34}, nahe dem Standard (Schwefelzusammensetzung des Meteoriten von Sichote-Alin). Alle Sulfide der späteren Abfolge sind in unterschiedlichem Grade mit dem schweren S-Isotop S_{34} angereichert, sie zeigen 0,3—0,5% Abweichung vom Standard. In Einzelfällen wurde nachgewiesen, daß die abweichenden Werte der zweiten Abfolge offensichtlich mit einer ,,Verunreinigung" durch Relikte der ersten Sulfide verbunden sind. Der relativ ,,leichtere" Schwefel des ältesten Pyrits kann offensichtlich durch metasomatische Vorgänge übernommen werden.

Die Umlagerungsbedingungen der Erze sind aber noch in vielen Teilfragen ungeklärt. Die bisherigen Untersuchungen der S-Isotopen-Zusammensetzung von feinkörnigem und rekristallisiertem Pyrit zeigen eine vollständige Übereinstimmung der S_{32}/S_{34}-Verhältnisse, d. h., sie zeigen keinerlei Isotopenfaktoren, welche die Annahme ermöglichen, daß die Rekristallisation durch Lösung und Stoffumlagerung erfolgte (wobei eine Fraktionierung der S-Isotopen fast unvermeidlich ist).

H. SCHULZ

PETRASCHECK, W. E.

Lagerstättenlehre – ein kurzes Lehrbuch von den Bodenschätzen in der Erde

2. neubearb. Aufl. nach der ersten Auflage von W. PETRASCHECK & W. E. PETRASCHECK, Springer-Verlag, Wien 1961. – 374 S., 232 Abb., 49,50 DM

Die Grundlage eines jeden Bergbaus ist die Lagerstätte nutzbarer Minerale. Daher wird die Lagerstättenlehre auch an Berghochschulen besonders intensiv betrieben und stellt ein wichtiges Lehrfach für viele Fachrichtungen an diesen Hochschulen dar. Es ist daher notwendig, daß Lehrbücher geschaffen werden, die sich nicht nur an Spezialisten wenden, sondern auch an diejenigen, die mit Lagerstätten zu tun haben.

Es ist nun außerordentlich schwer, in kurzer, verständlicher und umfassender Weise ein Lehrbuch zu schaffen, in dem die wesentlichsten Punkte der Entstehung nutzbarer Lagerstätten zusammengefaßt sind. Dies ist W. E. PETRASCHECK in dem vorliegenden Buch ausgezeichnet gelungen.

Das Buch befaßt sich auf 371 Seiten mit Erzlagerstätten, den Lagerstätten der Industrieminerale, Steine und Erden, den Lagerstätten der Salze, Kohlenlagerstätten und der Erdölgeologie. Den größten Raum von diesen Abschnitten des Buches nehmen mit 165 Seiten begreiflicherweise die Erzlagerstätten ein. Nicht weil sie etwa wichtiger sind als andere, aber ihre Erscheinungsform ist wesentlich mannigfacher.

Im 1. Abschnitt dieses Teiles werden die Gesetze der Bildungen von Erzlagerstätten behandelt, im 2. Abschnitt die wichtigsten Lagerstätten selbst. Im 2. Abschnitt ist die Einteilung nicht genetisch, sondern nach den Metallen. Zunächst die Eisen- und Stahlmetalle, Schwefelkies, sodann Buntmetalle, Edelmetalle, Metalle für Sonderzwecke und Leichtmetalle.

Der 3. Abschnitt befaßt sich mit der Aufsuchung und Begutachtung von Erzlagerstätten.

Der 2. Teil des Buches ähnelt in seinem Aufbau dem 2. Abschnitt des 1. Teiles. Da sich die Genese von Lagerstätten der Steine und Erden nicht von der Genese von Erzlagerstätten unterscheidet, konnten gleich die Lagerstätten der Einzelminerale beschrieben werden, wobei genetische Besonderheiten mit eingeflochten werden konnten.

Im 3. Teil des Buches werden die Salzlagerstätten dargestellt. Hier mußte umfassender auf die Genese und Umwandlung eingegangen werden, so daß der Aufbau der Salzlagerstätten nur an wenigen Beispielen gezeigt werden konnte. Hierzu gehören die Salze des deutschen Zechsteins, die Permsalze der Sowjetunion, die Permsalze Nordamerikas, permotriadische Salzvorkommen, die tertiären Salze des Karpathenvorlandes sowie die alttertiären Salze im Oberrheintal und im Ebro-Becken.

Der 4. Teil ist der Kohle gewidmet. Hier werden die chemischen und physikalischen Eigenschaften der Kohle, die Formen, Ausbildung, Eigenschaften der Kohlenlager und der Inkohlungsprozeß erläutert, und dann wird auf die Anwendung der Kohlengeologie eingegangen. Einzelne Kohlenbecken mit ihrer besonderen Tektonik werden nicht beschrieben. Dafür bringt der Verfasser am Schluß Beispiele von Schichtfolgen einzelner Kohlenreviere.

Im 5. Teil, der Erdölgeologie, beschäftigt sich der Verfasser zunächst mit den chemischen und physikalischen Eigenschaften der Bitumina und geht dann auf die Entstehung von Erdöl und Erdgas über. Darauf folgt eine Darstellung der Art und Bildung der Erdöllagerstätten.

In den nächsten Abschnitten wird die Methodik zum Aufsuchen von Öllagerstätten erläutert, auf die Wichtigkeit der Lagerstättenenergie und die Vorratsberechnung und Ergiebigkeit der Erdölfelder eingegangen.

Viele Punkte der Entstehung von Lagerstätten nutzbarer Rohstoffe irgendwelcher Art sind noch nicht eindeutig geklärt, und man könnte sich in Einzelfällen darum streiten, ob diese oder jene Darstellung günstiger wäre. Das ändert aber nichts an dem hohen Wert des vorliegenden kurzen Lehrbuches von den Bodenschätzen der Erde, wie es der Verfasser selbst bezeichnet. Man kann Verfasser und Verlag nur zu dieser, der ersten Ausgabe gegenüber ganz wesentlich verbesserten 2. Auflage danken und dem Buch eine weite Verbreitung wünschen.

O. OELSNER

SCHELESNOWA, E. J., W. G. SOTSCHEWANOW & W. J. TITOW

Methoden der Bestimmung radioaktiver Elemente in mineralischen Rohstoffen

2. Aufl., Moskau 1961 (russ.)

Dieses kleine Handbuch bringt auf 147 Seiten eine Zusammenstellung der wichtigsten und modernsten Verfahren zur quantitativen Bestimmung von Uran und Thorium sowie der Zerfallsprodukte Radium, Radon und Thoron in Mineralen, Erzen, Gesteinen, natürlichen Wässern usw. Aus den Bereichen der chemisch-analytischen, der radiometrischen und der physikalischen Bestimmungsverfahren wurden alle Methoden ausgewählt und zusammengestellt, die vom Ministerium für Geologie der UdSSR zur Anwendung in den sowjetischen Laboratorien und Institutionen empfohlen wurden.

Im Gegensatz zum ersten Handbuch, das unter dem gleichen Titel im Jahre 1958 erschien, wurden in die neue Auflage auch physikalische Methoden (direkte quantitative spektrographische Bestimmung von Uran in Erzen, röntgenographische Bestimmung des Oxydationsgrades von natürlichen Uranoxyden sowie radiometrische Methoden der U-, Ra- und Th-Bestimmung mittels Spektrometrie der Gamma-Strahlung) aufgenommen. Die Abschnitte über chemisch-analytische Verfahren und radiochemische Methoden wurden erweitert und ergänzt.

Einige selten angewandte Verfahren, die das erste Handbuch noch enthält, sowie die Beschreibung halbquantitativer Methoden wurden in das vorliegende Buch nicht aufgenommen.

Im 1. Teil werden ausführlich mehrere gravimetrische, titrimetrische, polarographische und photometrische Bestimmungsverfahren für Uran beschrieben. Ein besonderer Abschnitt ist der Uran-Bestimmung mit Hilfe der Lumineszenzmethoden gewidmet. Daran schließt sich die Beschreibung der analogen Bestimmungsmethoden für Thorium an.

Der 2. Teil des Handbuches beginnt mit der Beschreibung eines Verfahrens zur Bestimmung des Verhältnisses $U:Th^{230}$, das für das Studium von Migrationsprozessen von großer Wichtigkeit ist. Daran schließt sich die Erläuterung von radiochemischen U- und Th-Bestimmungen in festen Proben und in natürlichen Wässern an, wobei besonders zeitsparende Schnellmethoden herausgestellt werden. Weitere Abschnitte des 2. Teiles behandeln die Ermittlung des Koeffizienten des radioaktiven Gleichgewichts und die Bestimmung des Emanierungskoeffizienten für Thoron und Radon. Der 3. Teil bringt zusätzlich eine Beschreibung der bereits genannten physikalischen Methoden. Im allgemeinen beginnt die Beschreibung der einzelnen Verfahren mit einer Erläuterung des Prinzips der jeweiligen Methode; danach werden das notwendige Instrumentarium bzw. die erforderlichen Reagenzien behandelt und schließlich eine detaillierte Arbeitsanleitung gegeben. Das Handbuch ist in seinen theoretischen Abschnitten recht kurz gefaßt und insgesamt ganz auf die Erfordernisse der Praxis abgestimmt. Es kann für alle Labors und Institutionen, deren Aufgabe u. a. auch in der Bestimmung radioaktiver Elemente besteht, wärmstens empfohlen werden.

E. HARLASS

DONATH, M.

Chrom

Band 14 der von F. FRIEDENSBURG herausgegebenen Buchfolge: Die metallischen Rohstoffe – ihre Lagerungsverhältnisse und ihre wirtschaftliche Bedeutung

Ferdinand Enke Verlag, Stuttgart 1962. – XVI, 371 S., 94 Abb., 73 Tab.; geheftet 106,– DM, Ganzleinen 111,– DM

Die Förderung von Chromerz ist wie bei keinem anderen Erz von der Stahlproduktion abhängig. Rückschläge in der Stahlerzeugung haben deshalb auch einen entsprechenden Rückgang der Chromerzproduktion zur Folge. Seit von 1933 an die Stahlerzeugung der Welt von etwa 65 Mill. t auf 300 Mill. t im Jahre 1957 gestiegen war, nahm auch die Chromerzproduktion von 401100 t auf 4649400 t zu. Die offensichtlich gleichartige Entwicklung der Chromerzgewinnung und der Stahlerzeugung ergibt sich aus der überwiegenden Verwendung in der Stahlindustrie. 1959 wurden 59,5% der Chromerze für die Stahlerzeugung eingesetzt, 28,2% wurden für feuerfeste Auskleidungen verbraucht, und 12,3% standen der chemischen Industrie zur Verfügung.

Verf. hat die ursprünglich von P. KRUSCH herausgegebene, später von F. FRIEDENSBURG fortgesetzte Buchreihe um einen umfangreichen Band bereichert, so daß nun einer der wichtigsten Stahlveredler, das Metall Chrom, in einer modernen, gründlichen Bearbeitung vorliegt. In welchem Umfang zur zusammenfassenden Darstellung des Wissenswerten über das Chrom das seit dem Beginn dieses Jahrhunderts stark angewachsene Schrifttum durchgearbeitet werden mußte, geht aus dem Literaturverzeichnis hervor, in dem 1380 Arbeiten zusammengestellt sind. Auch das Autorenverzeichnis mit 956 Namen und das Ortsverzeichnis mit 1520 Angaben kennzeichnen das Ausmaß der bewältigten Arbeit.

Der Stoff ist in den 125 Seiten umfassenden allgemeinen Teil und den nach Ländern geordneten speziellen Teil gegliedert, der auf 225 Seiten abgehandelt ist. Im Teil „Allgemeines" findet man in einzelnen Kapiteln Ausführungen über die Geschichte und die Eigenschaften des Chroms, ferner Angaben über die Geochemie, die Mineralogie und den Chrom-Nachweis. Da die Chromerze stets an basische bis ultrabasische Gesteine gebunden sind, werden diesen und dem durch Umwandlungsprozesse gebildeten Serpentin besondere Abschnitte gewidmet. In einem Kapitel „Gefüge der Chromite" werden Struktur und Textur der Chromerze sowie Größe, Form, Anordnung und Verteilung der Erzkörper behandelt. Naturgemäß beansprucht das Kapitel „Genesis" etwas mehr Raum, obwohl die Bildungsbedingungen des einzigen Chromerzes Chromit im wesentlichen geklärt sind. Im einzelnen sind jedoch bei der Vielfalt der Erscheinungen noch viele Fragen offen. Für den Montangeologen sind die Abschnitte über das Aufsuchen und Untersuchen von Chromerzlagerstätten sowie die Probenahme von Interesse. Von den geophysikalischen Methoden der Untersuchung werden die Magnetik und die Gravimetrie, ferner auch die geochemische Prospektion in Verbindung mit geologischer Erkundung als erfolgreich gekennzeichnet. Für den Praktiker sind die Abschnitte über Gewinnung, Aufbereitung und Verwendung von Bedeutung. Die umfangreichen Abschnitte Bewertung, Märkte, Preise, ferner Vorräte und Zukunftsaussichten sowie schließlich Statistik sind für den Bergwirtschaftler sehr wertvoll. Besonders aufschlußreich ist die Zusammenstellung der Chromerzproduktion der einzelnen Länder für die Zeit von 1900 bis 1959. Es ergibt sich, daß in diesem Zeitraum insgesamt knapp 66,5 Mill. t Chromerz gefördert wurden, wobei allerdings bei einer Reihe von Ländern nur abgerundete oder geschätzte Produktionszahlen eingeschlossen werden mußten. Von dieser Gesamtmenge produzierten in der Reihenfolge ihres Anteils die fünf Haupterzeuger Sowjetunion, Südrhodesien, Türkei, Südafrikanische Union und Philippinen fast drei Viertel. Im Jahre 1960 lautete jedoch, gemessen an der Jahresförderung, die Reihenfolge: Sowjetunion, Südafrikanische Union, Philippinen, Südrhodesien, Türkei.

Im speziellen Teil sind die bergwirtschaftlichen und die Lagerstättenverhältnisse von 47 Ländern eingehend behandelt. Soweit verfügbar, sind die einzelnen Lagerstätten durch Lageskizzen, geologische Übersichtskarten, typische Profile, Angaben über Zusammensetzung und Vorräte charakterisiert. Für die wichtigsten Länder werden die Einfuhr- und Ausfuhrbewegungen, die Erzqualitäten, Wert der Produktion, Gestehungskosten und ähnliche bergwirtschaftlich bedeutsame Angaben gebracht, wenn sie ermittelt werden konnten. Es erleichtert dem Fachmann die Auswertung, daß bei den einzelnen Kapiteln die Literatur angeführt ist. Daraus geht hervor, daß bei einigen Ländern der neueste Stand der Entwicklung nicht gegeben werden kann, weil er noch nicht bekanntgemacht worden ist.

Dem Verf. ist es dank seiner etwa 35jährigen Verbundenheit mit den Problemen des Chromerzbergbaus, der geologischen Erforschung der Lagerstätten und der Aufsuchung und Bewertung neuer Vorkommen in hervorragendem Maße gelungen, eine erschöpfende Darstellung des wichtigen Rohstoffs Chrom von der Entstehung bis zur Verwertung und der bergwirtschaftlichen Bedeutung im Rahmen der Weltwirtschaft zu geben. Der Verlag ist mit der reichen Ausstattung des Buches mit Abbildungen und Tabellen den Bemühungen des Verf. um klare Kennzeichnung des Sachverhalts bestens entgegengekommen. Das Buch wird nicht nur dem Lagerstättenkundler und Erzbergmann, sondern auch dem Metallurgen, Eisenhüttenmann und Bergwirtschaftler ein wichtiges Nachschlagewerk werden. H. REH

PAWŁOWSKI, S.

Der polnische Schwefel und seine Bedeutung

„Przegląd Geologiczny", Nr. 1, 1961

Die Lagerstätten gediegenen Schwefels in Polen wurden gegen Ende des Jahres 1953 entdeckt. Dadurch erhielt die polnische chemische Industrie einen neuen starken Entwicklungsimpuls. In der VR Polen betrug der Schwefelverbrauch im Jahre 1959 200000 t, 1975 ist ein Verbrauch von 600000 t geplant. Geologisch liegen alle Voraussetzungen vor, dieses geplante Entwicklungstempo einzuhalten und noch zu steigern.

Die neuentdeckten Schwefellagerstätten der VR Polen stehen in genetischem Zusammenhang mit den Gipsen und Anhydriten im Miozän der Vorkarpatensenke. Die miozänen Gipse wurden in einem großen Gebiet chemisch ausgefällt (im Tal der Nica, bei Staszów, Chmielnik, Proszowice, Kraków und Rybnik); sie sind durch Bohrungen und bergmännische Aufschlüsse aufgeschlossen. Die Mächtigkeit ist wechselhaft, sie überschreitet im allgemeinen nicht 55 m. Diese Sulfate bildeten das Ausgangsmaterial für die metasomatischen Umwandlungen (Ersetzung der Sulfate durch Kalk mit Gehalten von gediegenem Schwefel). Weitere Voraussetzungen für diesen Prozeß waren die Anwesenheit von Bitumina, mineralisierten Wässern und Bakterien sowie nach oben hin ein dichter Abschluß, gegeben durch die Tone des Torton und Sarmat.

Die im Liegenden der Gipse in den Sanden, Sandsteinen, Schluffen und Lithothamnienkalken auftretenden Spalten schufen die Bedingungen für das Aufdringen mineralisierter Wässer und Gase, welche die Metasomatose der Gipse bewirkten. Die Beteiligung von Bakterien in der Metasomatose wurde durch zahlreiche Untersuchungen nachgewiesen.

Die Richtung der Metasomatose (von Sulfaten zu Kalk mit Schwefel) ist durch zahlreich erhaltene Pseudomorphosen von Gipskristallen belegt. In dieser Hinsicht ähnelt die Genese der polnischen Schwefellagerstätten den bekannten Vorgängen, die im Golf von Mexiko, in Texas, Louisiana u. a. zur Schwefelbildung in den Gipshüten von Salzlagerstätten führten.

Der lichtzitronengelbe gediegene Schwefel kommt in den polnischen Lagerstätten in kryptokristalliner und kristalliner Form vor. Er bildet Akkumulationen der verschiedensten Arten und Größen. Der Schwefel füllt Klüfte und Hohlräume aus und durchwächst das Gestein; er macht im Durchschnitt etwa ein Drittel der Gesteinsmasse aus.

In Verbindung mit den Schwefellagerstätten kommen auch Strontiumverbindungen und Bitumina vor.

Die berechneten und bestätigten Schwefelvorräte allein im Gebiet von Tarnobrzeg betragen 100 Millionen t. Im Vergleich zu den bekannten Lagerstätten der Welt gehören also die Vorkommen bei Tarnobrzeg mit zu den größten.

Für die Inangriffnahme der bergmännischen Gewinnung im Tagebau erwiesen sich die Vorkommen bei Piaseczno (im äußersten westlichen Teil der Lagerstätte Tarnobrzeg) am geeignetsten. Die Tagebaubetriebe wurden hier im Dezember 1957 eröffnet. Im Jahre 1965 sollen mindestens 400000 t Erz gewonnen werden, wodurch nicht nur der Bedarf des Landes gedeckt wird, sondern auch eine recht erhebliche Ausfuhr möglich ist.

Auf anderen Schwefellagerstätten der VR Polen, z. B. in Grzybów und Gacki, sind Möglichkeiten für die Gewinnung unter Tage vorhanden. Erwogen wurde die Anwendung des Frash-Verfahrens, obwohl zu bemerken ist, daß dieses Verfahren nicht unter allen Verhältnissen rentabel ist.

Die an der Oberfläche gewonnenen schwefelführenden Gesteine können nur in bestimmten, beschränkten Fällen unmittelbar zur Herstellung von Schwefelsäure verwendet werden. Meist erfolgt eine Aufbereitung, die zu Konzentraten mit 80—90% Schwefel führt, die weiterhin zu Reinstschwefel (99,9% S) verarbeitet werden.

Bauwürdige Schwefellagerstätten sind in der VR Polen jetzt in zwei großen Objekten nachgewiesen: einmal an einigen Dutzend Stellen im Gebiet von Tarnobrzeg—Piaseczno, zweitens in der Umgebung von Staszów bei Szydlów—Solec—Grzybów.

Nach der Kohle stellt nun der Schwefel eine weitere Grundlage für den Reichtum des Landes dar.

W. Oestreich

Záruba, Q. & V. Mencl

Ingenieurgeologie

Akad.-Verl., Berlin & Verl. d. tschechoslowakischen Akad. Wiss., Prag 1961. — 384 Abb., 14 Tab.; 27,50 DM

Das vorliegende Buch schließt eine Lücke im deutschsprachigen Schrifttum der Ingenieurgeologie. Es ist das Werk von Fachleuten, die die praktischen Probleme kennen und selbst aus der Praxis kommen. So ist es nicht nur ein Lehrbuch schlechthin, sondern dient auf Grund der zahlreichen Beispiele als Nachschlagewerk, in dem sich der in der Praxis tätige Ingenieurgeologe schnell und sicher Rat holen kann. Im 1. Teil wird auf die geologischen Grundlagen eingegangen. Im Gegensatz zu anderen Büchern wird hier nicht Bekanntes aus speziellen geologischen Lehrbüchern wiedergegeben, sondern es wird gezeigt, wie die geologischen Grundlagen in der ingenieurgeologischen Praxis anzuwenden sind. Ein Abschnitt vermittelt die wichtigsten Kenntnisse über die Untersuchungsmethoden im Gelände und deren Auswertung. Der 2. Teil beschäftigt sich mit den allgemeinen Grundlagen der Ingenieurgeologie. Sowohl in einem Kapitel über die Gewinnbarkeit bzw. Lösefestigkeit der Gesteine als auch über die Baugrunduntersuchung werden aufbauend auf allgemeine Erkenntnisse anhand von Beispielen aus der Praxis Hinweise gegeben, die bestehende Standards und Vorschriften ganz ausgezeichnet ergänzen.

Dem Abschnitt „Rutschungen" ist nach Voranstellung der wichtigsten auslösenden Faktoren eine Übersicht über die gebräuchlichsten ausländischen Klassifikationen beigegeben. Dann erfolgt auf der Grundlage eines eigenen Schemas eine Besprechung vieler Rutschungserscheinungen in der ČSSR und bekannter ausländischer Rutschungen, wobei methodische Hinweise über Untersuchung und Auswertung vermittelt werden.

Ein Kapitel über die Anlage der Gewinnungsstätten von Baumaterialien beschließt den 2. Teil.

Der letzte Teil des Buches beschäftigt sich mit der Untersuchung des Baugrundes für die verschiedenen Arten des Bauwesens, wie Hoch- und Industriebau, Verkehrsbau, Tunnel-, Talsperren- und Wasserbau. Die gute Gliederung jedes Abschnittes von den Voruntersuchungen über die speziellen Belange des Vorhabens bis zur Mitarbeit der Ingenieurgeologen bei der Bauausführung vermittelt auch hier wieder nicht nur Hinweise über die Lösung der Probleme, sondern gibt gleichzeitig auch wichtige methodische Anleitungen.

Fassen wir zusammen, kann man feststellen, daß das vorliegende Buch den Standpunkt vieler bekannter internationaler Fachleute, wozu ja auch die Verfasser zählen, widerspiegelt, daß die Baugrunduntersuchung ihre wichtigste Stütze in der Geologie besitzt.

Eine „allseitige Kenntnis der Probleme und die Bewertung aller Faktoren" setzt gleichzeitig die Erkenntnis voraus, „daß jeder ausgehobene Kubikmeter Boden, jede an der Erdoberfläche abgelagerte Belastung, jeder eingerammte Pfahl oder jedwede sonstige Bautätigkeit mehr oder weniger große Eingriffe in die natürlichen Geländeverhältnisse darstellen, so müssen wir diese jeweils im Zusammenhang mit der geologischen Struktur bewerten".

Da sich dieser Leitsatz als „roter Faden" durch das ganze Werk zieht und die Ausführungen sowohl dem Bauingenieur die geologische Problematik in unaufdringlicher Form nahebringen als auch dem Geologen bzw. Ingenieurgeologen die ingenieurtechnischen Dinge in leicht faßlicher Form vermitteln, ist die vorliegende „Ingenieurgeologie" ein unentbehrlicher Ratgeber gleichermaßen für die Bauingenieure der verschiedensten Sparten des Bauwesens als auch für die Ingenieurgeologen, die bereits im Beruf stehen oder sich noch in der Ausbildung befinden.

Außer den Autoren müssen wir auch den deutschen Redakteuren unseren Dank sagen, daß es möglich war, eine empfindliche Lücke der Fachliteratur zu schließen. Als Hinweis für eine Neuauflage möchten wir bemerken, daß manche, wahrscheinlich wörtliche Übersetzung freier gestaltet werden könnte, was der leichteren Lesbarkeit des Werkes sehr dienlich wäre.

F. Reuter

Grasshoff, H., P. Siedek & G. Kübler

Erd- und Grundbau, Teil 1: Eigenschaften und Belastbarkeit der Bodenarten

Bautechnische Tabellensammlung, Werner-Verlag, Düsseldorf 1962. — brosch. 22,50 DM

Die vorliegende kleine Broschüre ist sowohl in ihrem Aufbau als auch hinsichtlich ihres Inhalts ein recht brauchbarer Ratgeber für den Ingenieurgeologen und den Ingenieur, der sich mit der Untersuchung des Baugrundes beschäftigt. Die klare Behandlung und die übersichtliche Anordnung des Stoffes, frei von allem belastenden Text, gestattet ein schnelles Zurechtfinden und gibt auf die Fragen Antwort, die den Praktiker interessieren. Aufgebaut auf den wichtigsten DIN-Vorschriften der Baugrunduntersuchung, werden viele Tabellen, graphische Darstellungen und Beispiele von Berechnungen und Auswertungen gebracht. Gerade in der heutigen Zeit wünscht sich der Praktiker dieses Werk, das ihm langes Nachschlagen und viel Literaturarbeit erspart. Es ist als Ergänzung zu den vorliegenden Lehrbüchern über Ingenieurgeologie bestens geeignet.

Das Buch besteht aus drei Hauptabschnitten. Der erste Teil bringt in übersichtlichen Tabellen eine Zusammenstellung der benötigten Formelzeichen. Der zweite beschäftigt sich mit den DIN-Vorschriften über die Laboruntersuchungen und Feldversuche. Besonders begrüßenswert sind die jeweiligen Zusammenstellungen der Kennzahlen charakteristischer und häufig vorkommender Gesteine sowie die Klassifizierungen der Untersuchungsergebnisse. Unter Abschnitt 2.11, Tab. 1, wird eine recht brauchbare Gesteinsklassifikation beschrieben. In den nachfolgenden Tabellen werden auch die wichtigsten Kennzahlen für Felsgesteine angegeben.

Der dritte Abschnitt behandelt die DIN-Vorschriften, die Belastung und Setzungen betreffen. Es werden u. a. Beispiele über die Beobachtung von Bewegungen, Probebelastungen und Setzungsberechnungen gegeben.

Soweit die Verfasser die geologische Seite behandeln, findet man teilweise einige überalterte Vorstellungen. Wir gebrauchen heute z. B. nicht mehr den unklaren Begriff „Letten", und „Boden" wird im landwirtschaftlich-forstwirtschaftlichen Sinne angewendet (fast überall kann man hier „Gestein" oder „Baugrund" setzen). Diese kleinen Schwächen mindern den Wert der Ausführungen nicht. Allen Baugrundgeologen kann man empfehlen, dies kleine Buch zu ihrem ständigen Ratgeber zu machen.

F. Reuter

Neuerscheinungen und Literaturhinweise

Autorenkollektiv

Geologisch-chemische Untersuchungen der erdöl-erdgasführenden Gebiete der UdSSR

Verl. AN SSSR, Moskau 1960. — 398 S.

Krotowa, W. A.

Hydrogeologische Kriterien der Erdölführung

Gostoptechisdat, Leningrad 1960. — 161 S.

Autorenkollektiv

Probleme der Erdölgeologie und Fragen der Methodik der Laboruntersuchungen

Gostoptechisdat, Leningrad 1960. — 285 S.

Tchostow, B. A.

Anfangsflözdruck in Erdöl- und Erdgaslagerstätten

Gostoptechisdat, Moskau 1960. — 105 S.

Weber, W. W., A. I. Gorskaja & E. A. Glebowskaja

Bitumenbildung in quartären Sedimenten und die Erdölgenese

Gostoptechisdat, 1960. — 243 S.

Autorenkollektiv

Fragen der Geologie der Erdöllagerstätten

Gostoptechisdat, 1960. — 251 S.

Beuss, Q. A.

Geochemie des Berylliums und die genetischen Typen der Berylliumlagerstätten

Verl. Akad. Nauk SSSR, 1960. — 328 S.

Nachrichten und Informationen

Die ersten Versuchsergebnisse des Mohole-Projektes

Im März und April 1961 wurden die ersten Versuchsbohrungen bei der Insel Guadalupe vor der Küste von Mexiko und bei La Jolla vor der Küste von Kalifornien durchgeführt. Über die ersten Ergebnisse dieser Arbeiten sind eine Reihe von Berichten erschienen, die schon nach erfreulich kurzer Zeit die Fachwelt orientieren wollen. Die Bohrpunkte lagen in ca. 950 m (La Jolla) bzw. 3567 m (Guadalupe) Wassertiefe.

Das Bohrschiff war die bekannte CUSS I der Erdölindustrie mit einer Wasserverdrängung von 3000 tons, 4 großen Außenbordmotoren mit je 200 PS, dazu bestimmt, das Schiff in Position zu halten.

Die besonderen Probleme, die bei den Versuchsbohrungen zu lösen waren, sind kurz folgende:

1. Wie kann ein Schiff, das am Grunde verankert ist, möglichst nahe am Bohrpunkt gehalten werden?
2. Wie kann das Bohrgestänge in mehreren Kilometer Wassertiefe gehandhabt werden, und wie können die schädlichen Schlingerbewegungen vom Gestänge ferngehalten werden?

Die Stabilisierung der Schiffsposition wurde in einem Umkreis von 60 m um den gewählten Bohrpunkt gehalten, selbst bei Windgeschwindigkeiten von 50 km/h und Wellen von 4 m Höhe. Sie konnte erreicht werden durch einen Ring von Bojen, die in 50 m Wassertiefe lagen, am Boden verankert waren und die an einem Stahlseil einen Schwimmer mit Radarschirm an der Meeresoberfläche hielten. Ein solches System wird selbst bei starker Wellenbewegung wenig von der Stelle bewegt. Die vom Schirm reflektierten Radarsignale ermöglichten, die relativen Lageänderungen des Schiffes gegenüber einer Referenzmarke zu beobachten und es so zu steuern, daß die Reflexionssignale und die Bezugsmarke übereinanderfielen.

Um die Schiffsbewegungen möglichst unschädlich zu machen, trat das Gestänge unten in das Schiff in einem konischen Führungsrohr ein, das Knickbeanspruchungen stark begrenzen sollte. Es wurde mit Diamantmeißel gebohrt.

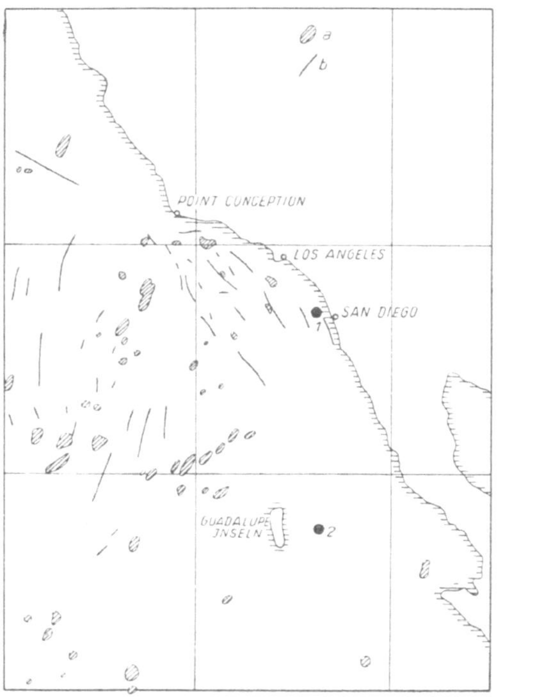

Bohrstellen des Mohole-Projektes vor der Küste von Kalifornien

1 – La Jolla, 32°55′N, 117°34′W, 3109 ft Wassertiefe; 2 – Guadalupe, 28°59′N, 117°30′W, 11706 ft Wassertiefe; a – basaltische untermeerische Erhebungen; b – Verwerfungen

Zur Reduktion der Gestängeschwingungen wurden Gummiprotektoren aufgezogen. Das Kelly war so konstruiert, daß es sich bei den Bewegungen des Schiffes in einem Führungsschuh bewegen konnte. Als Spülung wurde Seewasser verwendet. Der Kern wurde mittels eines Seilkerngerätes durch das Gestänge gewonnen. Mehrere Systeme davon wurden ausprobiert und arbeiteten zufriedenstellend. Zum Auffangen der Stöße dienten Expansionsverbinder im Unterteil des Gestänges. Verrohrung wurde nicht verwendet. Bei jedem Meißelwechsel wurde das Loch aufgegeben und ein neues begonnen. Das zur Spülung verwendete Seewasser trat an der Bohrlochmündung auf dem Meeresboden wieder aus.

Die erbohrten Sedimente gehören dem Pliozän und Miozän an (bis Mittelmiozän?). Es sind grüngraue Sedimente, die bei der Insel Guadalupe ca. 170–180 m mächtig waren. Das ergibt eine Sedimentationsgeschwindigkeit von 1 cm in 1000 Jahren. Die Hälfte der Sedimente bestand aus Ton. Überraschend ist ein größerer Anteil an klastischem Material. Die Ablagerungen sind hemipelagisch, das Tertiär hatte einen höheren Gehalt an biogenen Komponenten als das geringmächtige Quartär.

Bohrprofil bei der Insel Guadalupe (zusammengefaßt):

bis 28 m	kein Kern
28,3 bis 30,8 m	schluffige Tone, kalkig, vulkan. Asche
33 bis 34,4 m	olivgrüner, toniger Schluff und graugrüner, kalkig-schluffiger Ton
41,8 bis 43,3 m	grauer sandiger Schlamm, grüngrauer schluffiger Ton, Sandlagen
49,1 bis 58,2 m	grünlicher halbverfestigter schluffiger Ton
58,2 bis 67,4 m	Ton, Bimsstein und lose sandkorngroße vulkanische Asche
69,2 bis 140,5 m	grünliche, grüngraue, silikatische und kalkige Ooze, z. T. schluffig u. mit Sandschmitzen u. vulkanischer Asche und Auswürflingen
149 bis ca. 167 m	grünliche kalkig-silikatische Ooze und kalkig-silikatischer Ton
167 bis ca. 170 m	Sediment aus Oozen und großem Anteil an Dolomit-Rhomboedern
170 bis 182 m	Basalt

Der Basalt besteht aus 49% Augit, 41% Plagioklasen, 1% Olivin, 5% Magnetit, 3% Umwandlungsprodukten (alles Volumenprozente).

Die elektrischen Bohrlochmessungen (SP, Akustiklog, Neutronen-Gamma-, magnetische Messungen, Kaliber) wurden mit 3″-Sonden durch das Gestänge durchgeführt. Die Wellengeschwindigkeit betrug 1,6 km/s in den Sedimenten.

Bei den nächsten Versuchen sind noch folgende Aufgaben zu lösen: Verwendung von Verrohrung und die Wiedereinführung des Gestänges in das Bohrloch am Meeresboden, die Verwendung von Tonspülung und die Auswahl des endgültigen Bohrplatzes.

Literatur

Preliminary drilling phase of Mohole project
I. Summary of drilling operations: E. E. Horton
II. Summary of coring operations (Guadalupe site)
W. R. Riedel, H. S. Ladd; J. I. Tracey jr., M. N. Bramlette
Composition of basalt cored in Mohole project: C. G. Engel & H. E. J. Engel
III. Summary of logging operations (La Jolla and Guadelupe sites)
J. I. McLelland
Bull. Am. Ass. Petr. Geol., Tulsa, 45 (1961), 11, S. 1789–1800, 2 Abb.
Bullard, Sir Edward: The Mohole project
Endeavour, XX (1961), Nr. 80, S. 188–196, 14 Abb.

R. Meinhold

BURMO-Bohrungen in der Sowjetunion

Gleichlaufend mit den Amerikanern, die ihre „Mohole-Bohrungen" projektieren und nach den bereits angelaufenen Vorarbeiten in Kürze abteufen wollen, werden in der Sowjetunion „BURMO-Bohrungen" angesetzt. Die unterschiedlichen Namen sagen letztlich das gleiche aus: „Mo" = Abkürzung für Mohorovičić, „hole" = Bohrloch, „Bur" = Abkürzung für Burenije = Bohrung.

Ebenso wie die amerikanischen Bohrungen haben auch die im Bereich der Sowjetunion in Anschlag gebrachten 10 bis

15 km tiefen Bohrlöcher die Aufgabe, den Erdmantel zu durchstoßen, um in tiefere Schichten des Erdkörpers zu gelangen. Die Trennungslinie zwischen beiden Schichten wurde auf Grund von Arbeiten des jugoslawischen Wissenschaftlers MOHOROVIČIĆ nach diesem benannt. Es ist eine geophysikalisch in dieser Teufe nachgewiesene Diskontinuitätsfläche.

Im Gegensatz zu den Amerikanern setzen die sowjetischen Experten ihre übertiefen Bohrungen nicht im Meer an, sondern auf dem Kontinent. Die erste dieser Art wird in der nördlichen Niederung der Kaspischen Senke stehen. Gleichzeitig hat diese Bohrung auch die Aufgabe, besonders tief liegende Erdöllagerstätten zu erkunden, mit denen in diesem Gebiet bei etwa 7000 m gerechnet wird.

Aber die BURMO-Bohrungen beschränken sich nicht allein auf dieses Gebiet. Insgesamt sind bisher vier von ihnen über das Territorium der Sowjetunion verteilt worden, eine liegt auf der Inselgruppe der Kurilen. —K—

Erdöl/Erdgas

Welterdölproduktion 1961

Die Weltproduktion von Erdöl hat laut „Wirtschaftsnachrichten der österreichischen Länderbank — 3/1961" um 67835000 t gegenüber 1960 zugenommen und die Gesamtmenge von 1118905000 t erreicht. Das entspricht einer Steigerung von 6,5%. Aus den einzelnen Ländern liegen folgende Zahlen vor (in 1000 t):

	Jahresproduktion 1961	Erhöhung bzw. Abnahme von 1960 auf 1961 in %	Anteile der Weltförderung 1961 in %
Nordamerika			
USA	353500		31,5
Kanada	30700		2,7
	384200	+ 3,0	34,2
Lateinamerika			
a) Karibischer Raum			
Venezuela	151000		
Kolumbien	7500		
Trinidad	6600		
Kuba	15		
	165115	+ 2,0	14,8
b) Übrige Länder			
Mexiko	15200		
Argentinien	12500		
Brasilien	4720		
Peru	2550		
Chile	1200		
Ekuador	400		
Bolivien	370		
	36940	+ 17,6	3,3
Ferner Osten			
Indonesien	20600		
Britisch-Borneo	4100		
Sonstige	2225		
	26925	− 1,3	2,4
Mittlerer Osten			
Kuweit	83000		
Neutrale Zone Kuweit	8700		
Saudi-Arabien	68500		
Iran	58800		
Irak	49000		
Katar	8300		
Ägypten	3700		
Bahrein	2260		
Türkei	400		
Israel	130		
	282790	+ 6,7	25,3

	Jahresproduktion 1961	Erhöhung bzw. Abnahme von 1960 auf 1961 in %	Anteile der Weltförderung 1961 in %
Afrika (ohne Ägypten)			
Algerien und Sahara	16000		
Nigeria	2200		
Gabun/Kongo (Brazzaville)	870		
Libyen	500		
Marokko	80		
Angola	70		
	19720	+ 89,2	1,8
Westeuropa			
Westdeutschland	6220		
Österreich	2370		
Frankreich	2170		
Holland	2100		
Italien	2100		
Jugoslawien	1400		
Großbritannien	105		
	16465	+ 10,3	1,5
Westliche Welt			
USA	353500	+ 1,6	31,5
Übrige Länder	578655	+ 7,8	51,8
	932155	+ 5,5	83,3
Sozialist. Länder			
Sowjetunion	166000		
Rumänien	11600		
China	6500		
Ungarn	1450		
Sonstige	1200		
	186750	+ 11,6	16,7
Welt insgesamt	1118905	+ 6,5	100,0

—K—

Erdölbohrungen auf 7000 m

Die tiefste Erdölbohrung Europas wurde in Italien niedergebracht. Dort erreichte eine Sonde auf Erdgas eine Teufe von ca. 5800 m. In der Sowjetunion ist nunmehr eine Bohrung in dem Bezirk der Kaspischen Senke angesetzt worden, die auf 7000 m projektiert wurde. Der europäische Teufenrekord soll demnach in Kürze um ganze 1200 m überboten werden. Die Installation der Sonde ist so berechnet, daß Drücke über 1000 atü und Temperaturen bis 300° C auftreten können.

Geologisch gesehen spiegelt dieses Verfahren eine neue Tendenz der Erdölsuche allgemein wider, in deren Verlauf möglichst tiefe Strukturen anfallen werden. Nach der Ansicht maßgebender sowjetischer Geologen sind über 30% der potentiellen Erdölreserven und über 60% potentieller Erdgasreserven im Teufenbereich zwischen 4000—10000 m zu erwarten. —K—

Rehden-Erdgas auch im Karbon

Die bisherige Ausbeute des Rehden-Feldes, das z. Zt. etwa 12 Mill. m³ Erdgas monatlich an die Stahlindustrie im Raume Osnabrück liefert, stammt aus dem Zechstein. Nachdem vor kurzem mit der Bohrung Rehden 15 die Gasführung des Buntsandsteins nachgewiesen werden konnte, sind jetzt die Bohrungen Rehden 19 und 20 auch im Karbon fündig geworden. Rehden 15 produziert aus dem Detfurter Sandstein (Buntsandstein) etwa 30000 m³ täglich. Die beiden Karbon-Bohrungen erbringen eine tägliche Förderung, die zwischen 50000 und 100000 m³ liegt. Der Abstand zwischen den beiden Sonden beträgt etwa 6 km. Rehden 19 steht nahe dem Ostrand und Rehden 20 im äußersten Westen des Feldes. Es ist anzunehmen, daß die produktiven Sandsteine in den beiden Bohrungen, die in der Rehden 19 bei etwa 2050 m und in der Rehden 20 bei rund 2470 m Tiefe angetroffen wurden, in verschiedene stratigraphische Niveaus eingeordnet werden müssen.

Wenn auch die wirtschaftliche Bedeutung der in Rehden im Buntsandstein und im Karbon erschlossenen Gasvorkommen erst beurteilt werden kann, sobald die Ergebnisse weiterer Bohrungen vorliegen, so kann jetzt schon gesagt werden, daß die erstmalige Entdeckung größerer Erdgasmengen im westdeutschen Karbon interessante Perspektiven eröffnet. Offenbar gehört auch das in den Niederlanden bei Slochteren (Groningen) entdeckte ungewöhnlich ergiebige Gasvorkommen dem Karbon an.

(Nach Erdöl-Zeitschr., Jg. 77, H. 12, Wien 1961)

D.

Sonstiges

Gründung einer sozialistischen Arbeitsgemeinschaft Kupferschiefer

Der gegenwärtige Stand der Kenntnis über den Kupferschiefer wird einerseits charakterisiert durch das Vorhandensein mehrerer Theorien und Arbeitshypothesen über die Genese der Lagerstätte, andererseits durch das Fehlen einwandfreier Erkundungskriterien.

Da die einzige Grundlage der heimischen Kupferindustrie der Kupferschiefer ist und mit der Auffindung anderer Kupferlagerstätten nicht zu rechnen ist, resultiert daraus die unbedingte Notwendigkeit, forciert neue bauwürdige Kupferschiefervorkommen zu erkunden.

Forcierung der Erkundungsarbeiten auf Kupferschiefer bedeutet aber bei der augenblicklichen Sachlage nicht das sich auf Vermutungen stützende Ingangsetzen mehrerer Vor- und Objekterkundungen, sondern fordert — neben der Fortführung solcher Objekte, in denen bisher mit Erfolg erkundet wurde — in erster Linie die Schaffung einer nach einheitlichen Gesichtspunkten aufgebauten allseitigen Dokumentation des bisherigen Materials für den gesamten Bereich der Republik. Erst wenn diese Arbeiten durchgeführt sind, sollte man unter Verwendung der bisherigen Anschauungen, in denen wohl jeweils ein „Körnchen Wahrheit" stecken wird, eine moderne Theorie über die Entstehung der Lagerstätten im Kupferschiefer zu erarbeiten suchen. Es müßte dann möglich sein, Erkundungskriterien aufzustellen, die von vornherein eine zweckmäßige geologische Arbeit gewährleisten.

Es liegt auf der Hand, daß diese Aufgabe in entsprechend kurzer Zeit nur von einem Kollektiv durchgeführt werden kann. Aus diesem Grunde ist eine sozialistische Arbeitsgemeinschaft gegründet worden, der Wissenschaftler folgender Institutionen angehören:

Zentrales Geologisches Institut, Berlin,
Staatliche Geologische Kommission, Berlin,
VEB Geologische Erkundung West,
VEB Geologische Erkundung Süd,
Institut für Mikrobiologie der Universität Greifswald,
VEB Mansfeld- Kombinat „Wilhelm Pieck", Eisleben.

W. Jung

Neues Uranvorkommen in der Schweiz

In den Molassegesteinen des Berner Alpenvorlandes waren bereits vor einigen Jahren geringe Mengen von an kleine, zwischen Mergel- und Tonschichten verteilte Kohlenflöze gebundenem Uran gefunden worden. Kürzlich wurde von dem Schweizer Geologen Dr. H. A. Vogel bei Blapbach im Emmental ein Vorkommen dieser Art entdeckt und untersucht, das den Schätzungen nach groß genug sein würde, um den gesamten Schweizer Energiebedarf für 50 Jahre zu decken. Der jungtertiären Sedimenten angehörende Horizont, der die uranhaltigen Flöze enthält, ist etwa 1,8 m mächtig. Die Uran-Gehalte schwanken zwischen 60 und 850 g U/Tonne Kohle. Da sich der Horizont über etwa 4,5 km² erstreckt, wird auf einen Uran-Vorrat von 800 bis 1000 t geschätzt. Zugleich wurde ein Kohlenvorkommen von etwa 3 Mill. t, das größte der Schweiz, festgestellt. Da bei dem gegenwärtigen Weltüberangebot von Uran, das bereits zur Schließung kanadischer Bergwerke führte, die Erschließungskosten des Schweizer Vorkommens die Kosten von Uran-Importen übersteigen würden, wird eine Ausbeutung einstweilen nicht beabsichtigt.

Ha.

Steigende Produktion an Phosphat in Marokko

Marokko hat, wie das Office Chérifien des Phosphates in Rabat bekannt gab, 1961 mehr als 8 Mill. t Rohphosphat exportiert. Für die Weiterentwicklung der Phosphatindustrie wurden 1961 ca. 20 Mill. £ aufgebracht.

Ein neues Phosphatwerk soll ab 1964 jährlich 3 Mill. t Konzentrat mit einem Kalziumphosphatgehalt von 85% bis 87% herstellen. Dies wäre dann das hochprozentigste Phosphat der Welt.

Die bauwürdigen Reserven an Phosphatmineralien werden auf mehrere Milliarden t geschätzt.

Die marokkanische Jahresproduktion an Phosphat gliedert sich gegenwärtig auf die einzelnen Gruben wie folgt auf: 2 Mill. t (Gehalt 70—72%) kommen aus den Youssoufia-Gruben, 450000 t (Gehalt 75%) stammen aus den Khouribga-Gruben, und 80000 t werden im Aufbereitungswerk von Sidi Daoui gewonnen.

He.

Kalisalzlagerstätten auf Sizilien

Im Gebiet zwischen Caltanisetta und Agrigento auf Sizilien wurden bereits vor einiger Zeit umfangreiche Salzlagerstätten entdeckt. Neben abbauwürdigen Steinsalzschichten treten bis zu 30 m mächtige Kalisalzflöze auf. Die „Salifera Siciliana" will nun zum Abbau dieser Lagerstätten übergehen. Es ist geplant, in Licata an der Südküste Siziliens eine große Aufbereitungsanlage zu bauen, die eine Kapazität von 5000 t Rohsalz pro Tag aufweisen soll. Diese Anlage soll 1964 in Betrieb genommen werden.

He.

Steigende Asbestgewinnung in der Sowjetunion

In der Sowjetunion ist die Gewinnung von Asbest in den letzten Jahren von 0,38 Mill. t auf 1,1 Mill. t jährlich angestiegen. Die Hauptvorkommen liegen gegenwärtig noch bei der Stadt Asbest im Gebiet von Baschenowo im Ural. Bis 1965 soll hier die Asbestgewinnung auf über 1,5 Mill. t gesteigert werden. Die Reserven in diesem Gebiet werden auf 2,8 Mrd. t geschätzt.

Neue Anlagen für die Asbestgewinnung werden bei Kiembi in Kasachstan errichtet. Die Kapazität dieser Werke soll 1964 250000 t erreichen und 1965 auf 500000 t gesteigert werden. Die Gesamterzeugung an Asbest soll für das gesamte Gebiet der Sowjetunion 1965 2,1 Mill. t erreichen. Damit würde sie auf dem Gebiete der Asbestfasergewinnung vor Kanada an erster Stelle in der Welt stehen.

Sowohl die Asbestproduktion Kanadas als auch die der Sowjetunion fußten fast vollständig auf dem am meisten verwendeten Chrysotil-Asbest. Von den etwa 30 Asbestsorten sind nur wenige von wirtschaftlicher Bedeutung. Chrysotil dagegen, ein Magnesium-Siliko-Hydrat, wird bei 95% aller Asbestwaren eingesetzt.

He.

Verfahren und Vorrichtung zur Untersuchung von Gesteinsschichten

Das zum Patent angemeldete Verfahren soll besonders präzise Messungen der Laufzeiten von Impulsen in verschiedenen Bohrlochtiefen ermöglichen.

Das Wesen dieses Verfahrens besteht darin, daß gleichzeitig mit der Erzeugung eines akustischen Impulses in einem im Bohrloch befindlichen, in festem Abstand von einem Empfänger angeordneten Sender hochfrequente Zeitimpulse ausgelöst und bei Eintreffen des akustischen Impulses im Empfänger unterbrochen werden und daß die Zahl der der Laufzeit des akustischen Impulses in den benachbarten Gesteinsschichten entsprechenden Zeitimpulse einem Impulszähler zugeführt und gegebenenfalls in einem Aufzeichnungsgerät zur Darstellung gebracht wird.

Mit Hilfe einer Impulszähleinrichtung, die in der Zeichnung als Rechteckdiagramm dargestellt ist, werden zwei gesonderte, aber von einander abhängige Parameter gemessen.

Eine erste Messung betrifft ein Laufzeitdifferential $\Delta t'$. Der gemessene Parameter ist die Zeit, die ein akustischer Impuls benötigt, um vertikal durch die Gesteinsschichten hindurchzulaufen, die einen akustischen Sender und einen akustischen Empfänger in einem Bohrloch vonein-

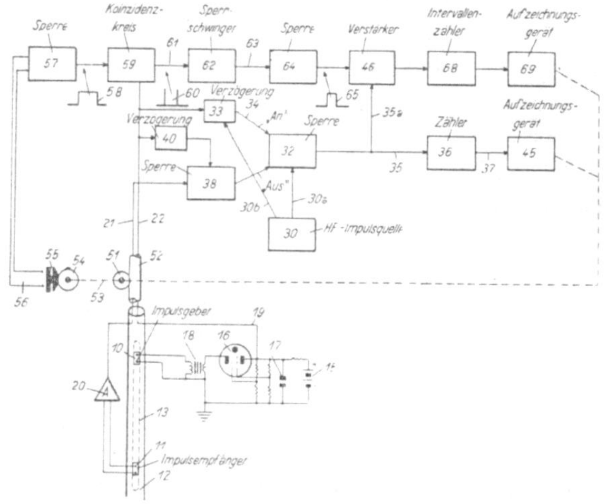

10 – Impulssender, 11 – Impulsempfänger, 12 – Bohrloch, 13 – festgelegter Abstand, 15 – Energiequelle, 16 – Gasentladungsröhre, 17 – Kondensator, 18 – Transformator, 19 – Leiter, 21 – Kabel, 22 – Kabel zur Erdoberfläche, 30 – Hochfrequenzimpulsquelle, 30a u. 30b – Kanäle, 32 – Elektronisches Tor, 33 – Verzögerungskreis, 35 – Kanal, 36 – Zähler, 38 – Tor, 40 – Verzögerungskreis, 45 – Aufzeichnungsgerät, 51 – Meßrolle, 53 – Kupplungen, 54 – Nocken, 55 – Schalter, 56 – Stromkreis, 57 – Tor, 58 – Torimpuls, 59 – Koinzidenzkreis, 60 – Impuls, 61 – Ausgangskanal, 62 – Sperroszillator, 63 – Kanal, 64 – Tor, 65 – Torimpuls, 68 – Gesamtintervallzähler, 69 – Aufzeichnungsvorrichtung

ander trennen. Der zweite Parameter ist die Gesamtzeit, die ein akustischer Impuls benötigt, um einen vertikalen Erdabschnitt zu durchlaufen, der die zwei von einem Bohrloch durchquerten Schichtkomplexe trennt. Der letzterwähnte Erdabschnitt ist im allgemeinen sehr viel größer als der Abstand zwischen den für die Untersuchung benötigten Übertragern. Zur Messung der beiden Parameter dienen ein erster elektrischer Impuls, der an der Erdoberfläche in zeitlicher Übereinstimmung mit der Erzeugung eines akustischen Impulses im Bohrloch erscheint, und ein zweiter elektrischer Impuls, der an der Erdoberfläche in zeitlicher Übereinstimmung mit dem Empfang des akustischen Impulses an einer bestimmten, vom Erzeugungspunkt abgelegenen Stelle des Bohrloches erscheint.

DBP. Anm.: 1115938, Kl. 42c, 42. – veröffentlicht – 26. 10. 61

H. Friedemann

Feuchte- und Dichtemesser

Durch das „Commissariat à l'Énergie Atomique" (Angewandte Elektronik) wurde der „Compagnie Générale de Télégraphie sans Fil" ein Gerät zur industriellen Herstellung übergeben, das der Messung des Wassergehaltes und der Dichte des Bodens dient. Es handelt sich um eine Isotopensonde und beruht auf der Bremsung von Neutronen durch das Wasser für die Feststellung der Bodenfeuchtigkeit und der Diffusion der γ-Strahlen durch den Comptoneffekt für den Dichtemesser.

Das Gerät ist sehr handlich und leicht bedienbar. Es besteht aus Feuchtemessersonde, Dichtemessersonde und Integrationsgerät.

Laut Prospekt kann es für die Untersuchung der oberen Bodenschichten insbesondere in der Landwirtschaft, aber auch in der Industrie, z. B. bei der Messung des Feuchtigkeitsgrades von Formsanden usw., eingesetzt werden. Schließlich findet es Verwendung in der Bauindustrie und bei der Baugrunduntersuchung.

F. Reuter

Kurznachrichten

In **Kasachstan** wurden in geringen bis größeren Tiefen **Thermalwässer** von 100 bis 170°C erbohrt, die u. a. dem Heizungsnetz von Alma Ata zugeführt werden sollen.

Die Halbinsel Mangyschlak **(Kasachstan)**, auf der in 1200 m Tiefe reiche **Erdölvorkommen** erbohrt wurden, wird den amtlichen Voraussagen nach in den nächsten Jahren zu einem der größten Gas- und Erdölgebiete der UdSSR werden.

Die Gesamtlänge des **Erdöl-Pipelinenetzes** in den **USA** betrug Ende 1960 240000 km gleich dem 6fachen Erdumfang, die des **Erdgas-Pipelinenetzes** 375000 km. Die Zahl der in Pipelinebetrieben Beschäftigten (ohne die am Bau Beschäftigten) ging infolge der Automation von 26896 (1953) auf 22152 (1959) zurück.

In Ostrava Karviná, dem größten **Steinkohlenvorkommen** der **ČSSR**, soll 1962 die Förderung von 24325000 t im Vorjahr mit einer Steigerung um 4,7% auf 25533000 t gebracht werden, während die Förderung von Kokskohle um 7,2% und die Kokserzeugung um 2% zunehmen werden.

Rückgang in der **Kohleförderung** zeigen **Belgien**, das 1961 21516 Mill. t gegenüber 22458 Mill. t im Vorjahr produzierte, und **Westdeutschland**, das 4869000 t Steinkohlenbriketts herstellte gegenüber 5219000 t im Vorjahr. Die Tagesproduktion in Westdeutschland betrug 18700 t gegenüber 19900 t im Vorjahr.

Die bei Kemerowo im **Kusnezker Becken** neuentdeckten **Braunkohlenvorräte** werden auf neun bis zehn Mrd. t geschätzt. Ein Abbau von bis zu 80 Mill. t jährlich im Tagebau erscheint möglich.

Die **Manganproduktion** in **Norwegen**, die größte in Westeuropa, soll 1962 auf eine Jahreskapazität von 20000 t (bisher 15000 t) gebracht werden und in zwei weiteren Ausbauperioden 30000 t jährlich erreichen.

Die **Chromvorkommen** des **Iran** werden nach neuesten Schätzungen auf 10 Mill. t Erz mit 40% Gehalt, die iranischen **Manganvorkommen** bei Rebat Karim auf 200000 t mit 40% Gehalt und die **Eisenerze** auf mehrere 100 Mill. t beziffert.

Indien, dessen Vorräte an hochwertigem Eisenerz auf 21 Mrd. t geschätzt werden, entwickelt eine eigene **Stahlindustrie**, die 1960 bereits 3,2 Mill. t Stahl produziert hat. Außer den hierfür ausreichenden Vorräten an Kokskohle sind auch genügende Mengen an Kalkstein, Manganerz, Chromerz und feuerfestem Ton vorhanden, während es an Wolfram und Nickel mangelt.

Die **westdeutsche Stahlproduktion** sank 1961 von 34,7 Mill. t im Vorjahr auf 33,46 Mill. t, die **Roheisenproduktion** von 25,7 Mill. t auf 25,4 Mill. t.

Bei Pointe Noire (Republik **Kongo**, früher französisch) ist die Schaffung einer **Industriezone** geplant, in der die Produktion von jährlich etwa 250000 t Aluminium, 200000 t Ferromangan, 32000 t Ferrosilizium, 30000 bis 60000 t Phosphaten und 10000 t Magnesium projektiert ist.

Der **Zinnverbrauch** der **kapitalistischen Länder** soll 1961 etwa 190000 t (gegenüber 180000 t im Vorjahr) erreicht haben, während die Produktion wie 1960 bei 171000 t verblieb. Die Differenz wurde aus den Zinnreserven gedeckt.

Die **Magnesitvorräte** im indischen Staate **Madras** werden auf 82,5 Mill. t in 30 m Tiefe und 330 Mill. t in 160 m Tiefe, die Magnesite von Almora auf 4 Mill. t hochgradiges Erz geschätzt. Für 1962 ist eine Förderung von 180000 t beabsichtigt.

Berichtigung

Durch ein Versehen der Druckerei wurde der vierte und fünfte Satz der Nachricht „Tagung der Geologischen Gesellschaft in der DDR" in Heft 4 (1962), Seite 224, unserer Zeitschrift nicht richtig wiedergegeben. Diese Sätze müssen heißen: „Plenarvorträge und Vorträge in drei Arbeitskreisen behandeln spezielle Probleme in diesem Rahmen. Exkursionen im Triasbecken und im Schiefergebirge beschließen die Tagung."

In den nächsten Heften der

Zeitschrift für angewandte Geologie

erscheinen u. a. folgende Beiträge

M. JASKOWIAK: Der geologische Bau des mesozoischen Deckgebirges in Nordwestpolen

I. ORMANDY: Hydrogeologische Probleme im Steinkohlenrevier von Ostrava—Karviná

J. POMPER: Erkundung und Bemusterung von Rohstoffen für Portlandzement

M. DLABAČ: Erdölakkumulation im Wiener Becken

K. HOTH & W. LORENZ: Zur Diskussion über die neuen Symbole für geologische Karten

H.-J. WEDER: Zur Grundwasservorratsklassifikation

O. A. TSCHERNIKOW: Die Rolle des lithologischen Faktors in der Erdölgeologie

K. v. BÜLOW: Geologie im Fernstudium

F. STAMMBERGER: Beitrag zum Studium der liquidmagmatischen Sulfitlagerstätte Norilsk

J. KLENGEL: Zur Aufgabenstellung der Ingenieurgeologie

A. THOMAS: Die Terminologie der ingenieurgeologischen Kartierung

Herausgeber: Staatliche Geologische Kommission und Zentrale Vorratskommission für mineralische Rohstoffe der Deutschen Demokratischen Republik. Für die kollektive Chefredaktion: Dr. K. KAUTER (Redaktionssekretär), Berlin. Redaktion: Berlin N 4, Invalidenstraße 44. Verlag: Akademie-Verlag GmbH, Berlin W 8, Leipziger Straße 3—4 (Fernsprecher 220441, Telex 011773, Postscheckkonto: Berlin 35021). Bestellnummer des Heftes 1047/8/6. Die „Zeitschrift für angewandte Geologie" erscheint monatlich. Bezugspreis 2,— DM je Heft. — Satz und Druck: Druckhaus „Maxim Gorki", Altenburg. Veröffentlicht unter der Lizenznummer ZLN 5008 des Ministeriums für Kultur. Karten: MdI der DDR, Nr. 6964, 7302, 7391.

FSC
www.fsc.org
MIX
Papier | Fördert
gute Waldnutzung
FSC® C083411

Zeitfracht Medien GmbH
Ferdinand-Jühlke-Straße 7
99095 Erfurt, Deutschland
produktsicherheit@kolibri360.de